CONSTRUIRE, RÉNOVER, HABITER

Construire en bois aujourd'hui

JACQUES REPIQUET – LAURENCE DUCA

ARCHITECTURES àvivre Maisons

EYROLLES

Éditions Eyrolles
61, bd Saint-Germain
75240 Paris Cedex 05
www.editions-eyrolles.com

Architectures à vivre
11 rue Sarrette
75014 Paris
www.avivre.net

Crédits

Photos

Arnaud Saint-Germès : pp. 4, 5, 8
Jean-Marc Roques : p. 6 (bas)
Mathurin Hardel et Cyrille Le Bihan : pp. 10-11
FinnForest : pp. 6, 141 (bas)
Serge Demailly : pp. 11, 12, 13, 20-29, 32, 35-37, 39, 41-43, 74-75, 82-91, 99-105, 140
Jean-Christophe Vincent : pp. 11, 44, 49 (haut 2e), 52-57, 61, 66, 67 (bas gauche), 68, 70, 71 (milieu 2e)
Gaëlle Le Boulicaut : pp. 11, 106, 111 (1re, 4e, 6e), 117, 119-121, 138-139, 140 (2e)
Philippe Buonavia : p. 18
SCOP Triangle (charpentier) : pp. 95-99
Antonio Lourenço : pp. 108, 111 (5e)
Michel Tran Ngoc : pp. 111 (3e, 7e), 114, 116, 118, 133 (5e, 6e), 136-137
Max Lizot : p. 141

Schémas et plans

Cécile Lepot : pp. 9, 19, 51, 81, 113
Marie-Hélène Phuong : pp. 33, 35, 37, 39, 61, 65, 67, 69, 93, 97, 99, 101, 109, 111, 127, 129, 131, 133, 134, 140
Cheminées Focus : p. 104

Axonométries

J. O. Paulet : p. 9
Stéphane Mucetto : pp. 28-29, 31, 38, 58-59, 71
Antoine Chilot : pp. 90-91, 113, 122-123, 133
Boulot (charpentier) : p. 33
Hopfner (charpentier) : p. 63
SCOP triangle (charpentier) : p. 95

Sauf erreur ou omission involontaire de l'éditeur, tous autres photos, schémas, plans ou axonométries sont la propriété des architectes ou des auteurs.

Table des matières

Introduction

Bois naturel

Le matériau bois est omniprésent dans l'actualité architecturale. Apparaissant en façade de tous les grands projets, c'est aussi à propos d'habitations et d'espaces de vie qu'il revient sur le devant de la scène, non sans quelques bonnes raisons. Le bois n'est pas seulement pris dans un phénomène de mode : le bois dure, ne cesse d'évoluer et retrouve dans la construction de maisons individuelles son rôle fondamental. Portés par les préoccupations écologiques et environnementales, les nouveaux produits de la filière bois rencontrent une aspiration à un habitat plus sain, naturel, chaleureux et économique.

Utilisé dans la construction depuis des temps immémoriaux, le bois, matériau universel, mère de la matière, n'a pas toujours été jugé digne de paraître. Les Grecs le recouvraient d'or ou lui préféraient l'ivoire, homogène, lisse et abstrait, jusqu'à ce qu'ils maîtrisent la fusion du bronze, plus résistant et dont la pureté exemptait de tout façonnage supplémentaire. Oublions l'ivoire, et ne revenons pas à l'âge de bronze : le bois, sous des formes diverses et parfois nouvelles, est bien de notre temps.

Sa matière concrète, présente et chaleureuse convient bien à l'espace domestique. Sa naturalité est finalement appréciée. Si le design des objets techniques et des appareils ménagers ne rencontrait que les lignes épurées d'une architecture aux matériaux modernes, rigoureusement lisses et nets, à l'image du verre, la maison contemporaine tendrait à ressembler à l'intérieur d'un réfrigérateur. C'est du moins ce que redoutent les sceptiques : que la logique de l'absence, de l'effacement, ne conduise au néant. Or il faut se rendre à l'évidence : le bois meuble. Chaque chose à sa place, rétorquent les mêmes incrédules, les meubles à l'intérieur, le chalet en montagne.

Pour la construction des maisons, leur structure et leur apparence, le matériau bois se défait peu à peu de quelques solides préjugés qui entachaient son image, ainsi que de quelques défauts bien réels. Si le bois travaille, cela prouve qu'il est vivant, on l'admet. Le sens même du bois, sa fibre, sa texture, les limites données par ses longueurs et sections utiles réduisaient son usage. Depuis 1850, et le Crystal Palace de Joseph Paxton, on sait tirer avantage de l'alliance du bois avec le métal et le verre pour construire vite et grand.

Les dernières évolutions du matériau bois ouvrent pour la construction des possibilités infinies en s'affranchissant notamment du sens des fibres. La matière ligneuse prend de nouvelles formes, subit de nouveaux traitements, apparaît sous de nouvelles synthèses, qui lui confèrent stabilité et résistance.

Ces produits industriels permettent une approche architecturale différente. Le bois moderne prend part à l'essor d'une architecture légère, mobile, évolutive, qui suppose un autre contact au sol et

Maison Lajus, à Barèges
Page de gauche : Pierre Lajus sur la terrasse de sa maison en bois, à Barèges (Hautes-Pyrénées)

Filière bois
De gauche à droite : exploitation du bois en Finlande, usine à Lohja, construction par panneaux Leno (source FinnForest France)

induit une autre inscription dans le site. Il favorise indirectement d'autres modes d'aménagement du territoire et exprime un rapport plus naturel à l'environnement.

À la condition d'une gestion raisonnée des ressources forestières – et des ressources humaines qui les accompagnent –, ainsi que des conditions de sa transformation, le bois, matériau durable par excellence, peut aussi être un matériau renouvelable. Veillons à ce que le bois dure.

Avantages de la construction bois

Par-delà les raisons subjectives qui font apprécier la construction bois, comme ses qualités d'aspect, naturel et culturel à la fois, un certain nombre d'arguments simples et concrets font préférer le bois aux autres matériaux, tant pour la structure que pour l'enveloppe et l'aménagement intérieur de la maison d'habitation.

Au premier rang de ces raisons, il y a l'intérêt que présente ce matériau pour lutter contre le réchauffement climatique. Grâce à la photosynthèse, la forêt absorbe le CO_2 que le bois récolté et transformé continue de stocker. L'utilisation du bois comme piège à carbone est directement efficace dans cette lutte vitale : un mètre cube de bois utilisé équivaut à une tonne de CO_2 stockée. En 2004, le secteur bois-forêt a compensé 13 % des 534 millions de tonnes de CO_2 émises en France. Aux termes des accords de Kyoto, la France devra encore développer l'utilisation du bois d'ici à 2010.

Le bois est une ressource abondante, diversifiée et renouvelable, à condition d'être gérée durablement. Le prélèvement annuel effectué

Références

Les maisons de Jean-Marc Roques utilisent le matériau bois comme facteur d'intégration au site. Près de Bonifacio, en Corse du Sud, le hameau de Ciappilli (Sperone), construit à partir de 1967 avec ses associés, le GEA « groupe d'Avoriaz », fait encore référence. Non seulement l'aspect du bois favorise l'insertion visuelle dans le paysage, mais la structure légère permet une implantation respectueuse de la topographie, du relief et du couvert végétal.
Ces maisons, comme celles que Roques réalisera par la suite dans différentes régions, s'inspirent de la démarche de Charles Moore et de ses associés, pour l'ensemble de maisons bois construites à Sea Ranch, sur la côte californienne, en 1964. Roques avait personnellement collaboré à ce projet resté célèbre comme modèle d'intégration à un site sensible de bord de mer. Sur des emplacements déterminés à l'issue d'une étude paysagère poussée, des ensembles d'une dizaine de maisons étroitement agglomérées autour d'un cloître libèrent le reste du site. Leur silhouette s'inspire de l'habitat vernaculaire, tandis que l'architecture des maisons ne laisse aucun doute sur l'esprit moderniste de leurs concepteurs.

Maisons modèles en Corse
Face aux îles Lavezzi, les premières maisons modèles du village de vacances de Ciapilli, près de Bonifacio, ont été construites, à partir de 1967, par les architectes Guy André, Guy Breton, Boguslaw Brzeczkowski et Jean-Marc Roques.

sur les forêts françaises ne représente que les deux tiers du développement de ces dernières, qui progressent depuis le début du XIXe siècle. La forêt et son exploitation, la sylviculture et les activités qui lui sont liées, contribuent à l'équilibre économique et paysager du territoire.

Le matériau bois nécessite relativement peu de transformation pour être utilisé dans la construction. À condition que sa provenance ne soit pas distante, la production et la transformation industrielles du bois, les opérations de sciage, séchage et rabotage, consomment peu d'énergie, beaucoup moins en tout cas que la fabrication du béton, de l'acier ou de l'aluminium.

Le matériau bois présente enfin un intérêt direct pour la construction et les concepteurs :

– Le bois est léger et résistant. À performance égale, une poutre en bois est 20 à 30 % plus légère qu'une poutre métallique. Les fondations en sont réduites d'autant.

– Le bois a une faible conductivité thermique. Il évite la plupart des problèmes de ponts thermiques que l'on rencontre avec les autres matériaux de gros œuvre.

– Le bois est flexible et malléable, offrant une grande liberté aux concepteurs pour s'adapter à des projets très différents. Le bois est ainsi non seulement un matériau renouvelable, mais aussi recyclable. Une pièce de bois peut être transformée plusieurs fois au cours de sa vie. De ce fait, et grâce au montage à sec, les constructions en bois sont modifiables, évolutives, souvent démontables, quelquefois déplaçables.

Pour toutes ces raisons, l'utilisation du bois dans la construction se développe, se diversifie, et de nouveaux produits, à la fois plus spécifiques et plus performants, sont proposés par les industriels.

Principes de précaution

La pérennité d'une maison en bois n'est pas comparable à celle d'une construction en maçonnerie, de pierre ou de béton. Pourtant, sans compter les pièces de bois intactes découvertes lors de fouilles archéologiques, d'innombrables constructions anciennes qui parviennent jusqu'à nous prouvent que les édifices en bois peuvent durer plusieurs siècles. Temples japonais, églises norvégiennes, mais aussi la plupart des maisons médiévales de nos centres historiques ou des maisons anciennes de nos villages de montagne, sont entièrement construits en bois. Pour les conserver et les transmettre, il a suffi de les protéger contre le feu et les termites et de leur assurer un entretien régulier, d'en renouveler les éléments défaillants, en particulier en façade et en toiture, pour garantir l'étanchéité.

L'aspect du bois non traité exposé aux intempéries se modifie dès les premières années de la construction. Sous l'effet conjugué des pluies et du soleil, la belle couleur chaude du bois fraîchement scié vire au gris, quelle que soit son essence. Ce changement n'affecte que l'esthétique et peut être enrayé, pour les inconditionnels de l'apparence du bois neuf, par l'application de lasures, vernis, peintures et autres produits de finition, qui tous imposent de recommencer régulièrement. Certaines peintures ou lasures opaques résistent toutefois aussi longtemps que l'enduit appliqué sur la maçonnerie.

Mais le bois, même abrité, reste dégradable sous l'effet d'agents biologiques, d'attaques de champignons, d'insectes et xylophages divers. Les éléments de construction sont plus ou moins vulnérables aux agressions biologiques selon la qualité du bois et son exposition à l'humidité. Il importe de choisir pour la construction les essences et parties de l'arbre assurant la meilleure durabilité naturelle pour l'usage auquel on destine chaque pièce de bois. Si cette durabilité est insuffisante, il faudra appliquer, selon le risque de dégradation, un traitement de préservation pertinent, chimique ou

Maisons à colombage de Thiers
Dans de nombreuses régions de France et d'Europe, les maisons anciennes exhibent encore leur structure à pans de bois, comme ces immeubles du centre historique de Thiers, en Auvergne, à l'encorbellement de bois sculpté.

thermique, en choisissant les produits présentant le moins de risque pour la santé et l'environnement.

Le bois est en outre si éminemment combustible que des mesures préventives doivent être prévues, comme pour toute construction. Il présente en revanche des avantages particuliers dans le domaine de la tenue au feu et dégage moins de gaz toxiques. Sous l'effet d'un incendie, la combustion est freinée par la couche carbonisée qui se forme en surface des éléments en bois dont le cœur reste protégé. Les ossatures et poteaux-poutres en bois conservent ainsi – propriété trop méconnue – leurs capacités mécaniques plus longtemps que les structures réalisées en autres matériaux. Les ouvrages en bois ne se déforment pas et restent stables plus longtemps. De ce point de vue, les assemblages par goujons ou pièces métalliques noyées dans le bois sont plus fiables que les étriers et connecteurs externes. Les pièces de bois de faible section peuvent recevoir différentes protections, telles que plâtre, peinture ou vernis intumescent.

La construction bois peut atteindre de bonnes performances thermiques et générer d'importantes économies d'énergie. Le bois est naturellement isolant et ne crée donc pas de ponts thermiques. Sa faible conductivité, qui autorise l'intégration d'isolation thermique dans l'épaisseur même du mur, entre les éléments d'ossature, permet aux constructions bois de satisfaire aisément aux exigences de la nouvelle réglementation RT 2005. Après la RT 2000, la RT 2005 continue d'aller dans le sens d'une réduction drastique de la consommation énergétique des bâtiments neufs, afin de diviser par quatre les émissions de gaz à effet de serre d'ici à 2050. Pour adapter un projet de construction à la région et au site, toutes sortes de dispositions de l'isolant sont rendues possibles par la faible conductivité de la structure.

Le bois respire. Le confort thermique d'une construction bois est également dû à la qualité hygrothermique de l'air ambiant, régulable en interposant des membranes pare-pluie et pare-vapeur qui rendent le mur extérieur « respirant ». Le confort thermique d'été est lié à la température de l'air, à son humidité, mais aussi à la température des parois, et donc à l'inertie thermique du bâtiment, qui, en complément d'une ventilation efficace, permet d'amortir les variations jour-nuit. À cet effet, une toiture végétalisée peut améliorer sensiblement l'inertie d'une construction légère en bois. L'inertie est également accrue par une ventilation efficace du bardage extérieur afin d'en limiter les surchauffes. En laissant derrière le bardage une lame d'air d'une épaisseur supérieure à 40 mm, le tirage empêche les façades exposées au soleil de rayonner vers l'intérieur.

L'isolation thermique contribue indirectement à l'isolation phonique de la construction. Même dans une maison individuelle, ce dernier point revêt une grande importance. Par essence, les constructions légères peuvent difficilement jouer sur l'effet de masse pour faire obstacle à la transmission des bruits aériens. Pour atteindre le niveau d'affaiblissement de 30 dB (décibels) exigé par la réglementation, on joue sur l'effet masse-ressort-masse en interposant un doublage isolant souple entre deux parois distinctes formant masses. Par exemple, une couche de laine minérale est disposée entre une plaque de plâtre intérieure et le mur extérieur à ossature bois, avec son voile travaillant en aggloméré OSB placé du côté extérieur et son isolant intégré. Entre deux logements distincts, il est indispensable de doubler l'ossature. La conception technique en

Les maisons de Pierre Lajus

Dans les années 1960, alors que la plupart de leurs confrères s'affairaient à concevoir des logements collectifs et des équipements, les architectes bordelais Yves Salier, Adrien Courtois, Michel Sadirac et Pierre Lajus s'orientèrent vers l'habitat individuel. Le bassin d'Arcachon connaissait alors une forte demande de résidences secondaires.

Avec le chalet de Barèges (Hautes-Pyrénées), une construction simple et peu coûteuse édifiée pour sa famille en 1966, Pierre Lajus prit conscience du potentiel de la construction bois, du fait de ses délais de chantier réduits et de sa qualité de mise en œuvre. Cette expérience constructive influença la pratique du quatuor au point de donner naissance à un modèle de maison à structure bois, constitué d'un toit à deux pentes entre deux murs maçonnés et d'une façade largement vitrée. Le mobilier était intégré et les pièces d'eau entièrement préfabriquées en atelier. Les Girolles, ces « maisons qui poussent comme des champignons », séduisirent un large public, et plus de sept cents variantes d'un modèle en furent réalisés sur le seul territoire aquitain.

S'inspirant d'exemples venus d'outre-Atlantique, leur vocabulaire architectural valorise la structure porteuse. La lecture de chaque élément constitutif du bâtiment se fait de façon claire et méthodique. La toiture, dont les grands débords définissent des pièces extérieures tout en protégeant les bois, est décollée au-

L'arrivée au chalet de Barèges
Un volume simple, au plan rectangulaire, est posé en limite d'une terrasse existante dominant la vallée.

amont doit être particulièrement détaillée pour prévoir détails d'exécution et traitements particuliers afin d'éviter les ponts phoniques et les risques de transmission latérale.

Pour lutter contre la transmission des bruits d'impact, généralement par les planchers, on applique également, à défaut de plancher lourd, la loi masse-ressort-masse, cette fois à l'horizontale. Par exemple, pour traiter un plancher séparatif, un revêtement de sol aussi souple et absorbant que possible est posé sur un plancher flottant. Ce dernier, constitué de panneaux de particules ou d'une chape de béton, est posé sur une couche résiliente de panneaux de fibres tendres ou d'isolant minéral haute densité le désolidarisant totalement du plancher porteur et des murs périphériques. En sous-face, entre les solives auxquelles est suspendu un plafond de plâtre ou de panneaux bois, est disposé un absorbant phonique de laine minérale ou de chanvre.

Le tableau 1 permet de situer le bois sur l'échelle de conductivité thermique des différents matériaux.

Tableau 1

CONDUCTIVITÉ COMPARÉE DES MATÉRIAUX DE CONSTRUCTION COURANTS (EN WATT PAR MÈTRE KELVIN)*	
Aluminium	230
Acier	50 à 52
Pierre	1,15 à 3
Béton	1,40 à 1,75
Plâtre	0,5
Brique creuse	0,45
Chêne	0,18 à 0,23
Contreplaqué	0,15
Valeur moyenne du bois	0,12
Sapin épicéa	0,12
Liège	0,10
Panneau de particules	0,07
Laine minérale	0,04
Balsa	0,035
Panneau fibre minérale	0,035
Air	0,02

* À une température de 20 °C

Maison bois et préfabrication

La construction bois prend part à la filière sèche en bouleversant les habitudes et le cours de l'économie de la construction. Les différents principes constructifs à ossature bois, poteaux-poutres ou panneaux massifs sont liés à la préfabrication et à la préparation de la plupart des composants sur des sites industriels ou en atelier, en amont du chantier proprement dit.

dessus des murs. Ces derniers deviennent des parois et les fenêtres de grands pans vitrés, permettant une relation étroite au paysage qu'elles cadrent.
Avec Jean-Pierre Watel, Jean-Marc Roques, Rolland Schweitzer et Christian Gimonet, Pierre Lajus est un des pionniers de la construction bois en France. Les quelque quatre-vingt-dix maisons qu'il a réalisées au cours de sa carrière ont toutes en commun une réflexion sur les usages de l'espace et de la vie domestique, une intelligence constructive extrême et une sensibilité tout acquise au matériau bois.
« J'avais construit pas mal de maisons en bois, comme résidences secondaires la plupart du temps, sur la côte aquitaine, et j'ai vu la qualité de vie qu'elles amenaient. Quand j'ai été amené à construire une maison pour moi – j'avais quarante ans et cinq enfants –, j'ai fait ce choix. Les maisons en bois permettent facilement d'intervenir dedans : modifier, adapter, corriger des choses, porter sa marque dans la maison. Et puis c'est un espace très chaleureux. C'est une maison qu'on aime et qui fait qu'on s'aime bien, aussi, à l'intérieur. »

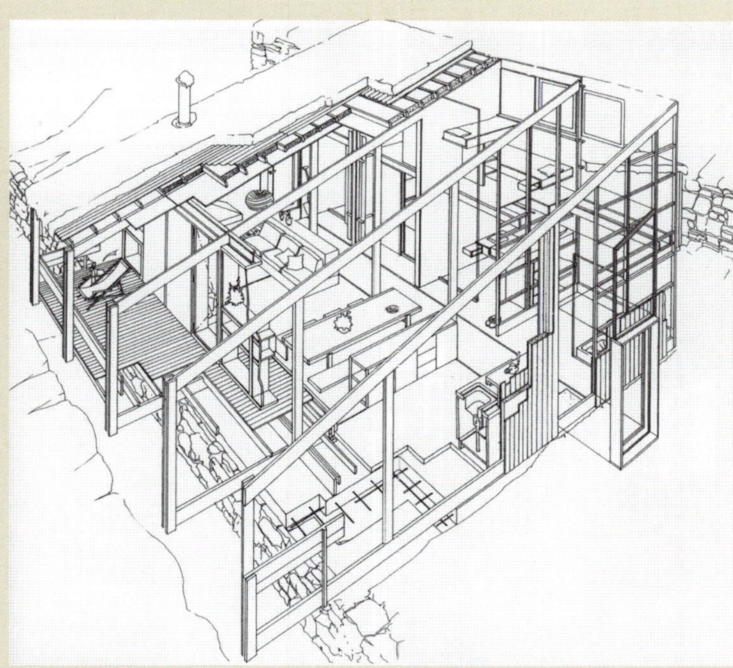

Coupe perspective du chalet de Barèges vu du sud-est
Sous le toit à une seule pente s'abritent toutes les fonctions d'un chalet compact comme un refuge. Les couchages se superposent dans la partie haute tandis qu'une terrasse s'avance en porte-à-faux au-dessus du mur.

Le développement de la construction bois s'inscrit ainsi dans un mouvement général de progrès technique et de développement de la construction légère. La production courante de maisons individuelles montre un retard technique considérable par rapport aux possibilités de la production industrielle, mais aussi par comparaison aux autres programmes de bâtiments. Depuis près d'un siècle, pour combler cette lacune, réduire les délais et les coûts, améliorer la qualité des constructions, l'occasion est souvent saisie par les architectes, industriels et constructeurs d'expérimenter des solutions de préfabrication, d'habitat industrialisé, de constructions modulaires ou de maisons en kit.

Le domaine des techniques de construction n'est jamais éloigné des préoccupations des architectes impliqués dans la recherche de voies nouvelles. Qu'ils soient épris d'innovation formelle ou de progrès social, encore imbibés du Mouvement moderne le plus radical ou en quête d'une architecture contextuelle, qu'ils traitent de grands programmes immobiliers ou d'équipements publics, qu'ils soient immergés dans la planification urbaine ou dans l'étude de maisons individuelles, les architectes intègrent la construction et ses aspects techniques à leur démarche de projet. Le programme de la maison individuelle autorise, à cet égard aussi, les tentatives les plus audacieuses, permettant de pousser loin les exercices de style.

Pourquoi aspirer à la préfabrication, à l'industrialisation de composants ou de cellules entières ? Pourquoi chercher obstinément à rationaliser la construction des maisons ? C'est d'abord, simplement, pour donner à l'architecture de l'habitat individuel les mêmes moyens, au moins, que ceux qu'on n'a cessé de déployer pour la construction des édifices publics et tertiaires. Une kyrielle d'arguments rationnels plaident en faveur de l'industrialisation de tout ou partie de la construction des maisons particulières. Des raisons économiques sont mises en avant, comme les avantages de la série pour réaliser des économies d'échelle, le coût de la main-d'œuvre ou les gains réalisés par la réduction des délais.

L'effort particulier porté à la conception d'objets préfabriqués ouvre naturellement la possibilité de constructions en série, mais la rencontre entre le monde de l'industrie et celui de la construction n'est ni facile, ni même toujours fructueuse.

La logique de produit propre à la sphère industrielle semble incompatible avec celle de projet, inhérente à l'architecture et à la construction. L'industrie est dominée par la raison commerciale, qui tend à produire avant de vendre, alors que le monde de la construction reste dans une démarche plus « naturelle », selon laquelle la production suit la commande, où la demande précède encore le produit et où la question est posée avant la réponse. Il s'ensuit un culte du sur-mesure, de la pièce unique.

Un élément de réponse est apporté par les industriels et les constructeurs de maisons bois, qui proposent des composants déclinables à l'infini, des constructions modulaires ou des solutions intermédiaires, dans lesquelles, en aval, l'utilisateur final peut prendre une partie de l'adaptation et du montage à sa charge et construire sa maison à partir du produit.

Sélection

Les quatre exemples détaillés dans cet ouvrage donnent un large aperçu des possibilités du matériau bois mis en œuvre dans une écriture architecturale d'aujourd'hui par de jeunes architectes. Ils

Construction en panneaux de bois massif KLH

démontrent la capacité du matériau à s'adapter à des programmes et des sites très contrastés :

– Le chalet dans les Alpes de Fernandez et Serres réinterprète librement la tradition constructive locale des maisons de haute montagne, adaptée au programme d'un chalet de sports d'hiver. L'ossature bois se mêle subtilement à l'infrastructure de béton pour ouvrir sur le paysage de larges baies inscrites dans des sortes de loges.

– La maison en Alsace de Michaël Osswald est une véritable démonstration d'habitat écologique, mais avec la qualité architecturale en plus. Sa structure à colombages, son toit végétal, son puits canadien et ses capteurs solaires évoquent le temps du retour à la terre. Mais ne nous y trompons pas : elle est à la pointe des technologies actuelles en matière d'économies d'énergie et de respect de l'environnement.

– La villa en Provence de KOZ architectes, avec ses murs de bois et ses toits de zinc, répond aux aspirations architecturales de ses clients, en montrant qu'il est possible de proposer des solutions de rechange avantageuses à l'architecture néorégionale des lotissements, en affirmant que le bois peut en être le vecteur et en prouvant qu'il existe même de bons charpentiers locaux pour les réaliser.

– La maison en Normandie de Jean-Baptiste Barache, réalisée pour une grande partie en autoconstruction, abrite sous de hauts portiques de lamellé-collé d'une grange moderne un lieu de vacances communautaire partagé par deux familles.

Écritures bois contemporaine
De gauche à droite et de haut en bas : chalet dans les Alpes de Fernandez et Serres, maison en Alsace de Michaël Osswald, villa en Provence de KOZ architectes, maison en Normandie de Jean-Baptiste Barache.

Surélévation d'un immeuble à Paris (XIXe), Mathurin Hardel et Cyrille Le Bihan
De gauche à droite et de haut en bas : au fil d'une journée de montage, la surélévation d'un immeuble de ville donne lieu à une spectaculaire représentation théâtrale à l'occasion du montage de ses panneaux de contreplaqué, dressés comme un château de cartes. L'adaptation au terrain est incontestable, même s'il s'agit d'un site artificiel : l'ajustement est réalisé avec une précision d'horloger entre la construction et son support bâti.

Réinvention d'un chalet dans les Alpes

Comme un chalet

Sur le versant sud d'un massif alpin, au cœur du parc naturel régional du Queyras, les architectes Fernandez et Serres posent à Abriès un chalet bien peu traditionnel malgré sa silhouette convenue. Programme architectural et techniques constructives conduisent à une relecture des références locales. Une maison de vacances, inspirée par l'esprit des refuges de montagne, s'ouvre sur le paysage par de larges baies vitrées suspendues, comme en apesanteur, dans un foisonnement de fûts de mélèze qui évoque les anciennes granges de la région.

Histoire d'une maison

Un chalet dans le Queyras

Un chalet parmi d'autres, sur la pente, répond sans prétention à la demande d'une famille attachée à ce lieu au point de souhaiter y bâtir sa maison de vacances, moderne, confortable et fonctionnelle. Un chalet en bois comme ils en ont toujours fréquenté en séjournant ici depuis l'enfance. Le projet ira au-delà de leurs désirs en magnifiant le site et le paysage, quitte à réinventer la fenêtre qui donne à voir l'un dans l'autre. Il reconduit l'implantation traditionnelle, mais redessine la structure de mélèze avec la complicité du béton. Le résultat est attachant au point de forcer à revoir le programme de fréquentation et d'en faire une maison de week-end.

Au cœur du parc naturel régional du Queyras, à la rencontre des vallées de deux torrents, Abriès est une petite station de sports d'hiver, à 1 600 m d'altitude, qui a gardé son caractère de village de montagne. À quelques kilomètres à vol d'oiseau de la frontière italienne, elle est plus proche de Turin que de Gap, mais la ligne de crêtes à laquelle le chalet tourne le dos constitue une frontière physique séparant de l'Italie. Le chalet est juché sur la pente sud-est du massif de la Lauze, face à la forêt de Marassan.

Les maîtres d'ouvrage, Chantal et François-Régis, ne souhaitaient pas que leur maison ressemble complètement aux pavillons de banlieue déguisés en chalets tyroliens que l'on voit partout cribler les pentes des massifs alpins. Pour autant, ils ne faisaient pas partie de ces amateurs d'architecture prêts à tenter l'expérience d'une construction audacieuse, avec ses aléas. Tout au plus souhaitaient-ils des espaces dessinés pour eux et une grande baie vitrée pour profiter du panorama. Après une visite de plusieurs chalets anciens à Saint-Véran, ils ont accepté l'idée d'une construction contemporaine dont la partie supérieure reprendrait la structure traditionnelle de potelets de bois apparents, appelés « fustes ».

Ils ont fait confiance à deux jeunes architectes, les laissant développer un projet qui n'avait que peu de rapport avec leur propre idée initiale. Ils pensaient surtout que le savoir-faire et la fiabilité des artisans et entrepreneurs locaux seraient la meilleure garantie d'une inscription profonde du projet dans le site et les traditions régionales. Ces derniers ont relevé le défi, accepté de remettre en question leurs préjugés, de modifier leurs habitudes de travail et se sont investis avec acharnement dans ce curieux projet, pour le conduire à son terme.

Architecture de montagne
La vallée du Guil conduit au village.

Maison tous temps
Les saisons contrastées qui enchantent les vacanciers mettent la construction à rude épreuve.

Site du projet
La forêt de mélèzes est à la fois clairsemée et omniprésente sur les pentes avoisinant le chalet.

Fenêtre haute sous faîtage
Depuis le dortoir sous les combles, une vue est possible vers le sud au travers du puits de lumière.

Garde-corps de la terrasse
Avec le temps, le bois jaune du mélèze fraîchement débité prend des teintes grises aux reflets argentés.

Programme

Refuge de montagne

Ils n'avaient pas d'autres préjugés que ceux que leur dictait une connaissance intime de la région du Queyras et de la montagne en général. La maison devait donc être à la fois protectrice et ouverte, pour ne rien perdre de l'ensoleillement des Alpes méridionales ; et offrir en outre une enveloppe rassurante pour les jours difficiles. Ils voulaient un lieu généreux mais raisonnable, dessiné pour eux-mêmes mais qui convienne à leurs proches : un refuge de montagne doté d'une grande salle commune, mais aussi de chambres agréables.

Chantal et François-Régis souhaitaient construire une résidence secondaire d'altitude, une maison de vacances au grand air de la montagne, pour le sport ou les réunions familiales. Abriès est une base de randonnées, de circuits de VTT, et différents sports d'hiver et d'été sont permis par le site et le climat. Trois heures suffisent pour venir de la région de Marseille, où ils vivent les uns et les autres, si bien que le chalet peut être utilisé pour de courts week-ends.

Malgré sa forte déclivité, la parcelle de 630 m^2 permettra de réaliser un chalet confortable, de 12 × 12 m. Pour réunir trois générations, des grands-parents aux petits-enfants, la famille mais aussi les amis, cinq chambres, en plus d'un dortoir sous les combles, offriront la plus grande souplesse d'usage. Même si le sport et la découverte de la région attirent au dehors, il reste que les soirées sont longues et que le mauvais temps peut s'acharner plusieurs jours durant, consignant sportifs impatients et enfants agités dans l'espace limité de la maison. Dans ces conditions, les salles de jeux sont bienvenues. Combles et sous-sol seront ainsi pleinement exploités.

Même si la région est familière à leurs clients, la montagne reste un milieu relativement hostile, dans lequel les architectes s'efforcent de concevoir une habitation chaleureuse, intime, rassurante : « À la base du projet, nous avons été impressionnés par certaines caractéristiques fortes du site : la déclivité, la roche dangereuse et abrupte, une sensation d'encaissement et de vertige, la forêt de mélèzes sombre, dense et profonde, l'écorce des arbres, rugueuse et colorée. »

Les architectes

Nés tous deux en 1974 et diplômés de l'École d'architecture de Marseille-Luminy en 2000, **Stéphane Fernandez** et **Ivry Serres** ont créé l'Atelier Fernandez-Serres à Aix-en-Provence en 2001. Après le chalet d'Abriès, qui leur a valu d'être lauréats des Nouveaux albums des Jeunes architectes, ils ont réalisé les extensions d'une villa à Saint-Raphaël, qui confirme leur goût prononcé pour la construction bois, leur passion pour les techniques sophistiquées d'assemblage de matériaux, traitant parfois les édifices comme de gros meubles. Ils construisent des maisons individuelles, mais répondent aussi désormais à divers concours d'architecture. Ils réalisent la médiathèque de Carnoux-en-Provence, des aménagements urbains et des équipements publics.

Extension en bois des architectes Fernandez et Serres
L'extension de la villa Boisseau, à Saint-Raphaël, est traitée comme une sorte de gros meuble, manifestant un soin du détail poussé jusqu'à la manie et montrant des solutions structurelles inédites.

Vues depuis le terrain
Au sud-est, la position dominante offre une vue plongeante vers le torrent Guil. À l'ouest, le spectacle s'ouvre vers les vallées et la combe du Queyras.

Esquisse du projet
Ce croquis de l'architecte révèle l'intention de hiérarchiser les niveaux de la maison par des expressions différentes du socle, du niveau de séjour et des étages de chambres. Ci-dessous, le paillasson d'entrée résume le programme architectural.

Projet

Tradition revisitée

Comme le décrivent ses architectes, cette construction moderne se joue de l'archétype du chalet : « Le volume simple s'enrichit de lectures ambiguës qui questionnent les limites intérieures et extérieures. La structure apparente porte en elle l'image de la forêt alentour. La présence du bois, sa couleur changeante et ses imperfections rendent sensible l'enveloppe du bâtiment. »

Matériau traditionnel du Queyras, le bois de mélèze provenant des forêts voisines et traité par les scieries locales était employé dans toutes les constructions de la région, habitations, fermes, bergeries. Mais le bois n'intervenait dans la construction qu'en complément des maçonneries de moellons de pierres et de galets du torrent, qui assuraient le soubassement et souvent l'essentiel de la structure porteuse : des murs de 70 cm d'épaisseur au rez-de-chaussée et souvent au premier étage renfermaient l'étable et le logement et supportaient, constituant les étages supérieurs, la grange en fûts de bois empilés et ses loggias en encorbellement. Ici, c'est le béton armé qui assure la stabilité de l'ensemble de la construction.

Avec sa terrasse à claire-voie et le bardage qui recouvre entièrement les façades du rez-de-chaussée, le chalet apparaît comme une construction en bois élevée sur un plateau de bois calé dans la pente grâce au soubassement de béton.

La limite est un lieu, comme dans la tradition orientale et l'architecture du Maghreb, où la façade fait l'objet d'aménagements permettant de nuancer la relation entre le dedans et le dehors, essentiellement pour protéger du monde extérieur et autoriser des vues latérales. Ici, contrairement au bow-window ou à ces aménagements traditionnels, la loge est en même temps un moyen de canaliser la vue, de cadrer le paysage, interdisant les vues latérales. Mais de cette façon, l'intimité de la pièce reste préservée, malgré la grande dimension des baies.

Ces fenêtres si particulières évoquent les loges qui étaient ménagées dans les murailles épaisses des constructions médiévales afin de s'asseoir au plus près de la fenêtre, d'y demeurer en observateur, ou au repos, ou encore de se tenir près de la lumière.

Chalets anciens du Queyras
Les maisons du village de Saint-Véran, dans les Hautes-Alpes, associent des structures légères en bois, en encorbellement, à des soubassements de maçonnerie de moellons de pierre.
Les dates gravées sur celles-ci remontent jusqu'à 1670.

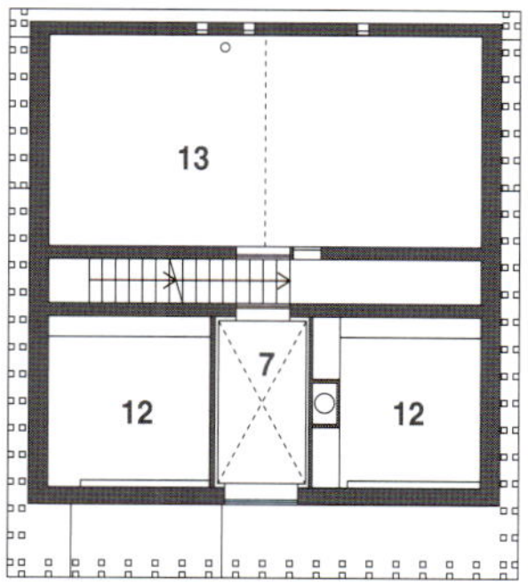

Combles

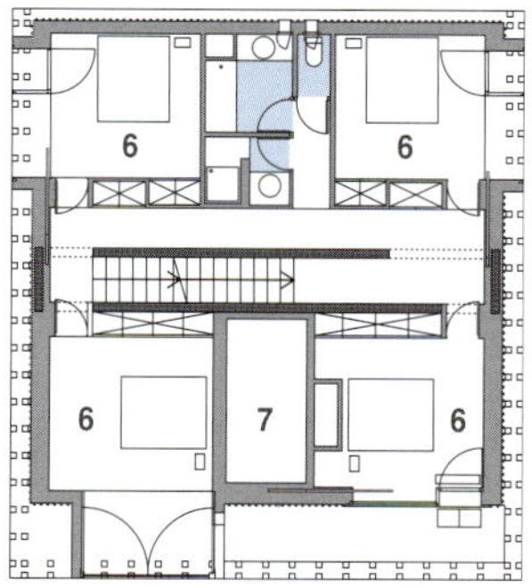

Étage

1. Porche
2. Entrée ; vestiaire
3. Jeux
4. Chaufferie
5. Séjour
6. Chambres
7. Puits de lumière
8. Cellier
9. Cuisine
10. Repas
11. Terrasse
12. Vide sur chambre
13. Dortoir

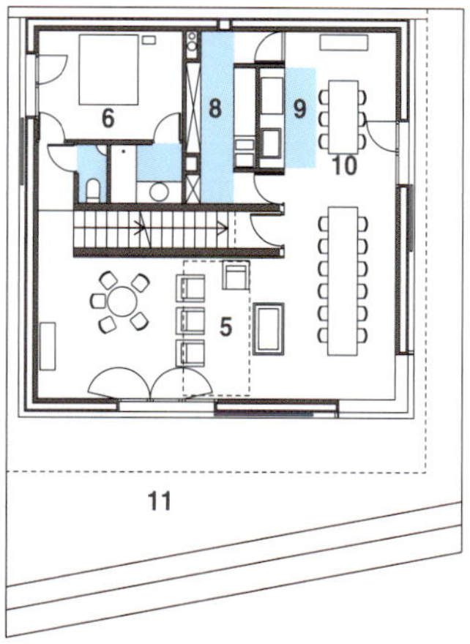

Rez-de-chaussée

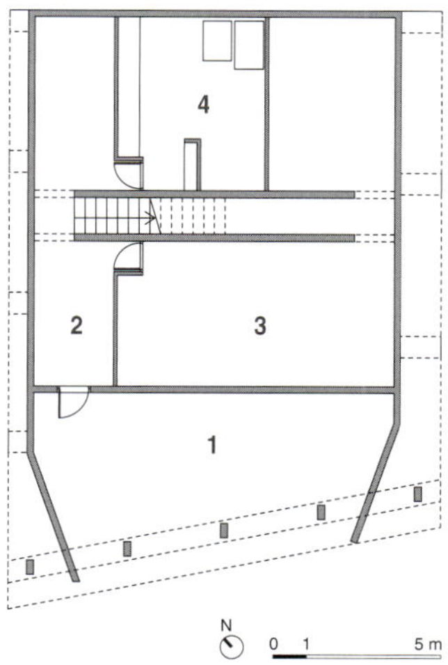

Sous-sol

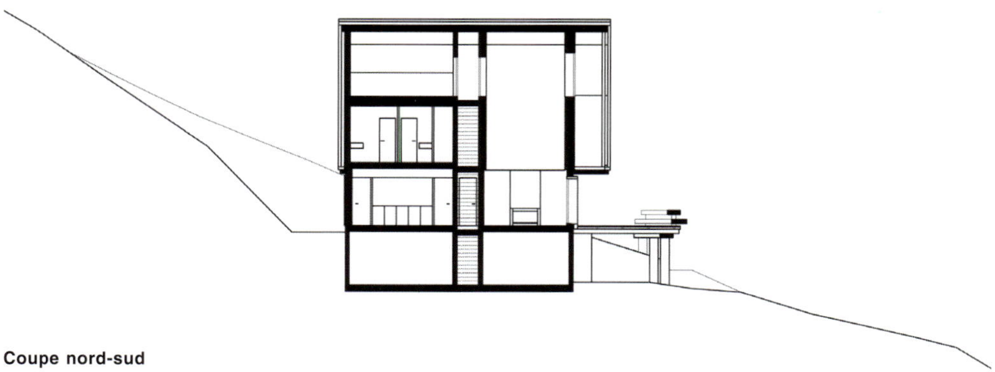

Coupe nord-sud
La coupe générale sur le chalet et son site montre l'inscription des différents niveaux dans la pente.

Prise de vue

Une silhouette plutôt banale, celle d'un chalet conventionnel, classiquement ancré dans la pente, laisse très vite percevoir un décalage, comme une illusion d'optique. La forme convenue est réalisée dans une matière étrange, à la profondeur inexplicable au premier abord. La double trame serrée des potelets de bois, appelés « fustes », qui définit le volume supérieur fait vibrer la lumière jusqu'à produire un effet moiré. Puis elle laisse entrevoir une deuxième façade en retrait, à l'observateur qui se rapproche d'une vue frontale. C'est entre ces deux façades que s'effectue la prise de lumière et de vue : par ces boîtes originales qui réinventent la fenêtre et donnent un sens nouveau à un mot ancien.

Marie-Louise
De l'intérieur d'une chambre, le tableau du paysage semble cadré par une sorte de Marie-Louise qui le tient à distance, tout en le survalorisant. Les avant-plans sont éliminés. Seule la vue lointaine est proposée, vers le versant opposé de la vallée.

Rythmes et contrepoints
À l'étage, une seule fenêtre par façade vient interrompre comme un contrepoint le jeu graphique des potelets verticaux. Au rez-de-chaussée, les volets de bois coulissants se confondent avec le bardage et font oublier les fenêtres, à l'exception de la baie d'angle, clin d'œil aux angles libres des icônes du Mouvement moderne.

Tableau de montagne
Vues de loin, la silhouette simple du chalet au toit à deux pentes, les horizontales marquées de son volume l'inscrivent avec évidence et modestie dans le paysage à grande échelle. De près, les rythmes verticaux des façades des niveaux superposés jouent d'une subtile parenté avec les verticales des mélèzes.

Vers le gris
Suivant son exposition aux intempéries, le mélèze non traité prend d'abord des nuances jaunes et orangées en même temps qu'il se charge de traces diverses. Puis, progressivement, il se décolore pour devenir d'un gris atone, plus homogène.

Ambiance monochrome
Comme dans une cabine de sauna, le bois couvre toutes les faces du volume intérieur, du sol au plafond, les lattes de mélèze jouant de rythmes verticaux et horizontaux. La cheminée même, qui sépare salon et repas, semble un relief du sol et sa hotte une excroissance du plafond.

Lignes de fuite
Comme la terrasse extérieure, à peine limitée par des garde-corps originaux, multifonctionnels et suffisamment bas pour ne rien masquer du paysage, l'avancée de l'étage supérieur se fait nette et discrète, ne réduit pas la vue vers les sommets.

Du sol aux cimes
Très ouvert au sud, le socle de béton et son avancée en terrasse organisent le décalage du chalet au terrain, le pivotement de son implantation par rapport à l'axe de la voie, la progression visuelle entre les horizontales du sol et les verticales des mélèzes.

Transparence et opacité
Les potelets verticaux sur deux rangs troublent la lecture du volume supérieur ; qui garde ses secrets de fabrication. Le plancher de béton armé de l'étage des chambres est habillé de mélèze, à l'exception de sa sous-face, qui reste visible depuis la terrasse.

Cahier technique

Double peau

Comment concilier l'écriture architecturale d'une construction bois avec les contraintes d'un site à forte déclivité, frappé d'un climat hostile, et assorti d'exigences normatives et réglementaires rigoureuses ? S'inspirant des principes traditionnels, les architectes n'ont adopté la construction légère à ossature bois qu'au-dessus d'un rez-de-chaussée et d'un sous-sol construits en voiles de béton armé préfabriqués. Dans les étages supérieurs, correspondant aux chambres, ils surlignent la légèreté de la structure bois en suspendant aux poutres du toit une deuxième façade, transparente et ajourée.

La commune d'Abriès est exposée à différents risques naturels et soumise au respect d'un PPRN (plan de prévention des risques naturels), qui mentionne, entre autres, les dangers d'avalanches et de glissements de terrain. Pour respecter ces prescriptions, le socle de béton armé a dû être renforcé et inclure le rez-de-chaussée. La toiture et les façades amont doivent résister à des chutes de pierres.

Le projet tire avantage de ces contraintes : non seulement la référence à l'architecture traditionnelle reste explicite malgré le recours à des techniques d'aujourd'hui qui améliorent la pérennité des ouvrages, mais des qualités spatiales sont introduites, que seule permet l'association bois-béton.

Un grand puits de lumière qui parcourt trois niveaux, une large baie d'angle sans appui, des bow-windows qui s'inscrivent dans l'entre-deux façades témoignent d'une radicale évolution du modèle, enrichi d'une nouvelle dimension, appropriée à de nouveaux usages.

Enveloppe
Bow-window

Structure
Ossature bois et fustes

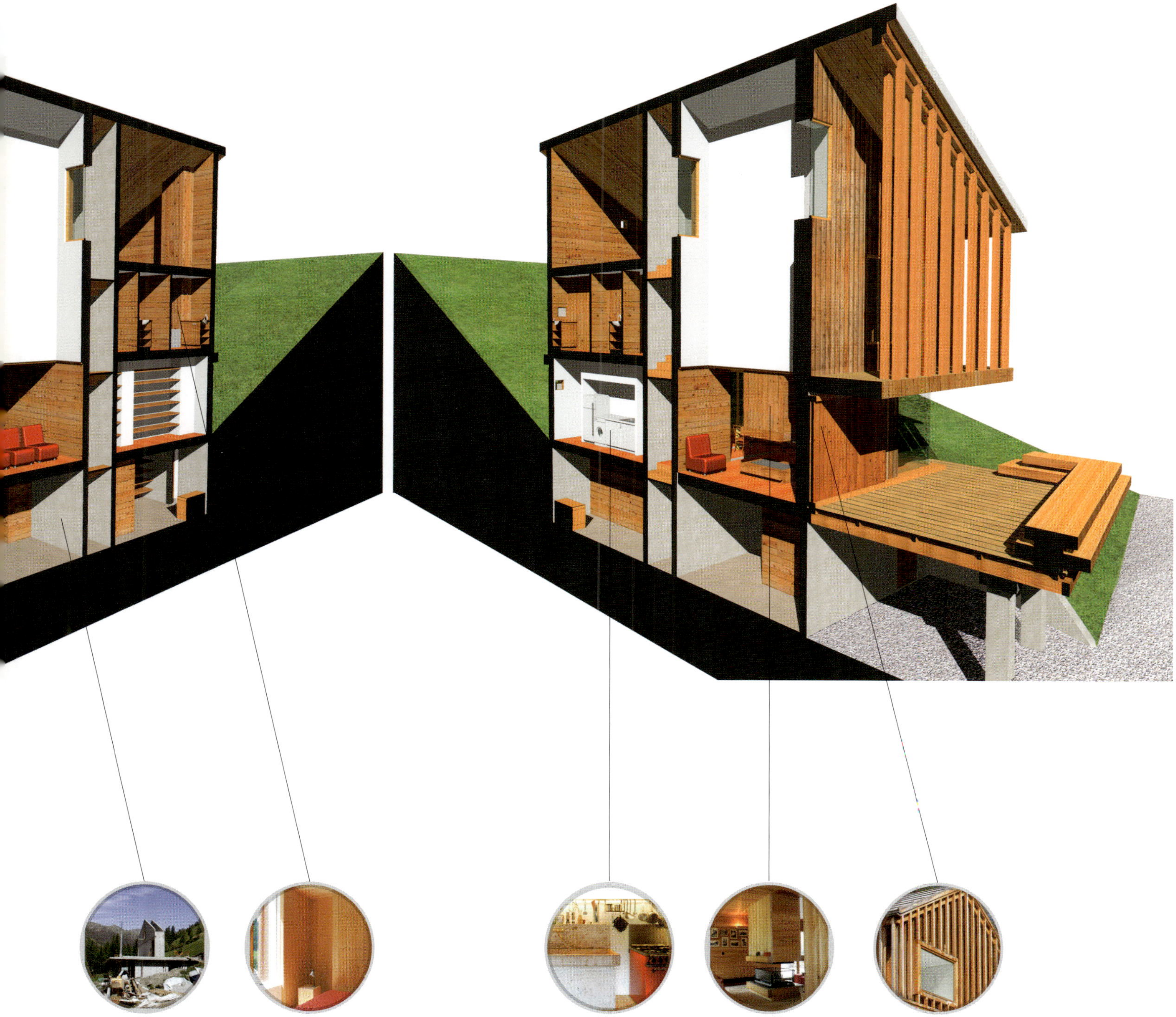
Structure
Socle de béton armé
Aménagement
Chambres minimalistes
Aménagement
Cuisine intégrée
Aménagement
Cheminée bois
Enveloppe
Façades et toiture

Structure

Socle de béton armé

Les normes antisismiques auxquelles est soumise la région ont conduit à surdimensionner les pièces de bois de structure. Le rez-de-chaussée et le premier niveau en béton armé et deux voiles parallèles encadrant l'escalier jusqu'au toit ont permis d'affiner les sections des pièces de bois porteuses. Avant d'élever l'ossature bois, une assise en béton étanche et isolée a été réalisée afin d'assurer sa stabilité et sa pérennité. Elle permet un solide ancrage au sol de la construction légère tout en prévenant des remontées d'humidité dans les murs.

Le principe constructif de ce chalet fait intervenir des raisonnements contradictoires, qui montrent aussi toute la difficulté de réinterpréter les modèles traditionnels. Dans les constructions anciennes, on portait la deuxième paroi et son plancher léger en encorbellement en le suspendant à la poutraison du toit par ces pièces de bois verticales travaillant en tension. Ici, c'est sur un débord périphérique du plancher en béton armé du premier étage que viennent prendre appui certains de ces potelets, pour ne supporter que les loges en saillie, la façade en retrait étant constituée de murs bois s'élevant également de cette plate-forme.

Une grande partie de la structure est réalisée en voiles de béton armé préfabriqué sur place. Au-dessus du soubassement qui s'assume pleinement dans ce matériau, les façades n'en laissent rien voir, et, vu de loin, on ne peut le deviner.

De près, le béton armé est subtilement suggéré. Il est montré sur les côtés de l'escalier, au cœur de la construction. Les deux voiles minces restent sans parement, simplement en béton lisse.

Associés à la paillasse de l'escalier, constitué de simples volées droites superposées, les deux voiles parallèles de 18 cm d'épaisseur forment un ensemble de mur de refend, dressé jusqu'au faîtage et porteur du plancher en béton de l'étage des chambres et des poutres du toit.

Béton et bois
Au cœur de la maison, deux murs de béton armé encadrant l'escalier restent visibles entre les parois de bois.

Chantier de béton armé

Trois étapes de la réalisation des ouvrages en béton armé : à gauche, le sous-sol est réalisé ; au milieu, le plancher du rez-de-chaussée le referme comme une boîte rigide ; à droite, l'ensemble des ouvrages de béton est achevé. Au-dessus des murs du rez-de-chaussée, le plancher de l'étage des chambres et son débord périphérique ne sont surmontés que de la cage d'escalier.

Structure béton et bois

La boîte de bois rigidifiée en son milieu par les deux voiles de béton de l'escalier vient coiffer la construction du sous-sol et du rez-de-chaussée en béton.

Portique

La terrasse prend appui sur le portique de béton.

Structure (suite)

Ossature bois et fustes

Tirant son origine du latin *fustis,* poutre, le terme de fuste désigne les fûts de mélèze bruts, troncs d'arbres simplement écorcés empilés et entrecroisés aux angles pour former des murs en bois massif. Dans les Alpes du Sud, et dans le Queyras en particulier, le terme fuste renvoie aux constructions de rondins de bois et, par extension, à tous les chalets traditionnels.

Les chalets du Queyras étaient constitués d'un rez-de-chaussée, et souvent aussi d'un premier étage, en murs de pierres, épais de 60 à 70 cm, surmontés d'une construction de troncs d'arbres empilés et croisés, très ajourée au sud pour sécher et remiser la récolte de fourrage destinée à nourrir les bêtes tout au long de l'hiver.

Saint-Véran, plus haute commune d'Europe, s'enorgueillit de ce patrimoine particulier d'habitat traditionnel adapté à la vie en haute altitude. Des chalets historiques en témoignent encore, montrant une date de construction gravée sur la façade remontant parfois jusqu'à 1670.

La structure bois de ce chalet moderne est constituée de murs à ossature bois associant montants et traverses en bois massif aux voiles de contreventement en panneaux d'OSB. Ces murs portent la charpente, le plancher des combles et la charge des boîtes bow-window. Mise à part la terrasse extérieure qui prolonge le plancher béton du rez-de-chaussée, le seul plancher bois de la maison est celui des combles, dortoir des enfants occupant la moitié nord du deuxième étage, sous le toit.

Les fustes, ou potelets verticaux qui s'exhibent en façade à partir du premier étage, sont en mélèze contrecollé de 12 × 12 cm. Suspendues aux poutres du toit, elles sont solidarisées en pied par des lisses basse, elles-mêmes ancrées dans le plancher de béton par des broches métalliques. Leur seul rôle structurel consiste à porter l'avant des boîtes bow-window avec leur lourd vitrage et leur surcharge éventuelle.

Loge et loggia
L'espace dévolu au séchage dans les chalets traditionnels sert ici de terrasse couverte. Au fond, on distingue la loge portée entre le mur de façade à ossature bois et les fustes.

Chantier de construction bois
Sur le plancher de béton du premier étage sont dressés les murs à ossature bois, puis, suspendus à la poutraison, les potelets périphériques entre lesquels s'insèrent les ouvertures.

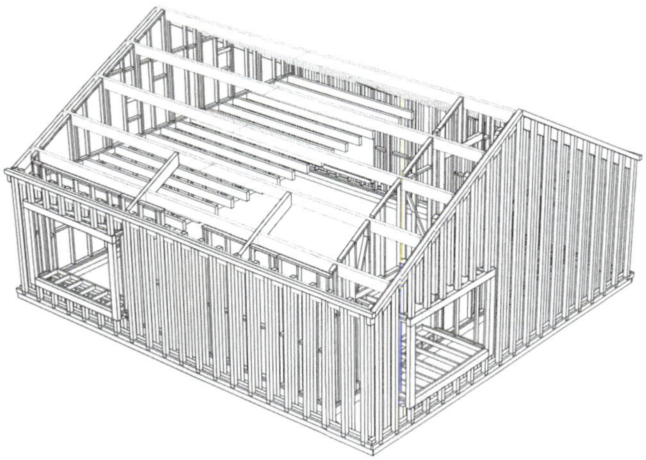

Perspective d'ensemble de l'ossature bois
Une boîte fermée et cohérente est édifiée sur la plate-forme de béton. Entre les murs pignons à ossature bois, les poutres prennent appui sur les deux murs de béton de l'escalier.

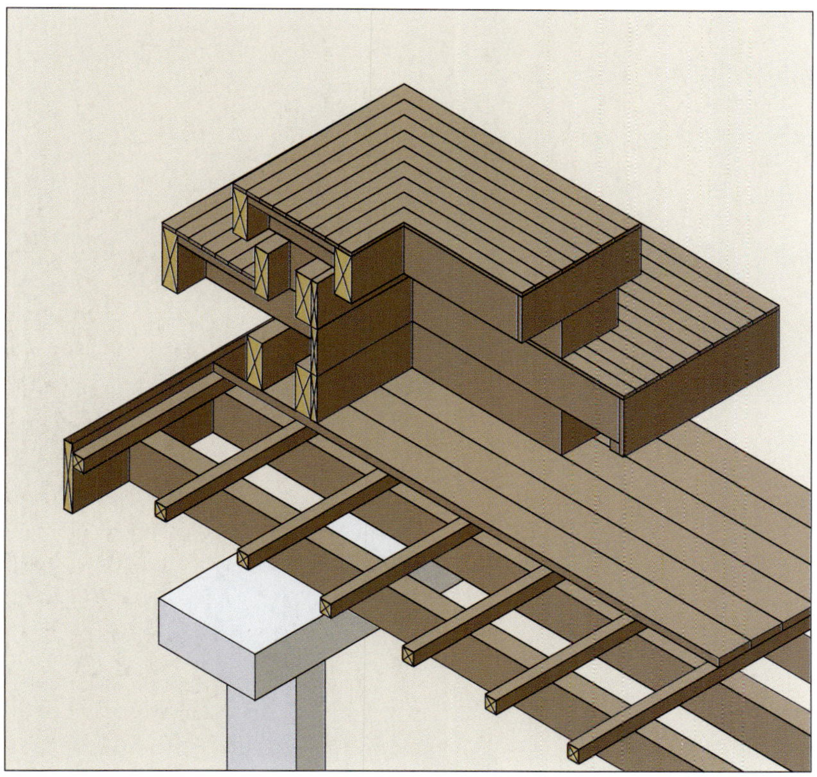

Coupe en perspective de la terrasse
La terrasse du rez-de-chaussée avec son platelage à claire-voie au-dessus du porche d'entrée, s'appuie sur un portique de béton armé. Au-dessus, le garde-corps est dessiné comme une double banquette.

Enveloppe

Façades et toiture

Le traitement différencié des façades répond à la hiérarchie des étages du chalet. Le sous-sol, en tant que socle, reste en béton : il appartient au monde minéral. Le rez-de-chaussée est soigneusement traité pour un contact direct et une fréquentation quotidienne de proximité. Au-dessus, c'est l'image du chalet, vu de loin, qui prévaut, marquée par l'ombre nette des fustes verticales et par la ligne horizontale de l'encorbellement.

Au sous-sol, le béton est laissé apparent, brut de décoffrage en façade comme à l'intérieur. Au rez-de-chaussée, au contraire, les murs sont habillés des mêmes bardeaux de mélèze que la toiture, et leurs fines stries verticales font écho au rythme marqué des fustes de l'étage supérieur. À l'étage, en retrait derrière les fustes sur trois côtés et exhibées au nord, les façades sont revêtues d'un bardage de planches de mélèze brut de sciage non raboté et non traité, en pose verticale avec couvre-joints en lattes de 4 × 4 cm, fixés sur liteaux et contre-liteaux pour faciliter la circulation de l'air. Seules les fustes dressées sur toute la périphérie sont exposées aux intempéries. Les façades en retrait sont bien protégées par le débord de toiture.

Le parement extérieur de l'étage du séjour (rez-de-chaussée) en planches de mélèze ne vient pas simplement s'interrompre au contact du plancher supérieur. Le détail est étudié, dessiné et réalisé avec soin : une lisse haute, sorte de cimaise formant corniche, en mélèze massif de 10 × 20 cm, couronne le parement de bois et vient affleurer le plancher de béton en encorbellement sans le toucher, 9 cm au-dessous. Une ligne d'ombre court sous l'encorbellement de l'étage supérieur, qui semble le détacher complètement de son soubassement. La nuit, c'est au contraire un rai de lumière qui s'interpose entre les deux étages présentés comme constructions distinctes. Un système d'éclairage constitué de tubes fluorescents est en effet dissimulé dans la corniche-cimaise couronnant le parement bois de l'étage du séjour.

Profitant d'une échappée entre les maisons voisines, le séjour s'ouvre généreusement sur le paysage à grande échelle par une large baie vitrée ménagée dans son angle sud-est, libre de tout appui. Cette baie est constituée de deux grands vitrages fixes sans châssis ni montant apparent, mais simplement collés l'un à l'autre dans l'angle. Ce sont des doubles vitrages isolants en verres épais feuilletés, tenus au sol et au plafond par ces sortes de parcloses hypertrophiées que constituent les lisses de 10 cm.

Volets coulissants

Les volets toute hauteur qui protègent les portes-fenêtres sont d'une apparence identique au parement de façade, en sorte que les ouvertures disparaissent entièrement lorsque la maison est fermée. Ouverts, ce sont les volets qui ne se voient plus et se confondent avec la façade. Les volets sont constitués d'un cadre métallique de 4 cm, coulissant sur galets roulants sur un rail rapporté sur la lisse basse et guidés en partie haute par une entaille ménagée dans l'épaisseur de la lisse haute. Une béquille verrouillable, inaccessible de l'extérieur en assure simplement la condamnation.

Façades bois sud, est et nord
Le parement extérieur du rez-de-chaussée, simple épiderme du mur de béton, avec ses fines stries verticales affine et atténue la violente hiérarchie des niveaux imposée par la structure et les volumes de la construction.
La façade nord (photo de droite) montre le parement caché par les fustes sur les trois autres cotés.

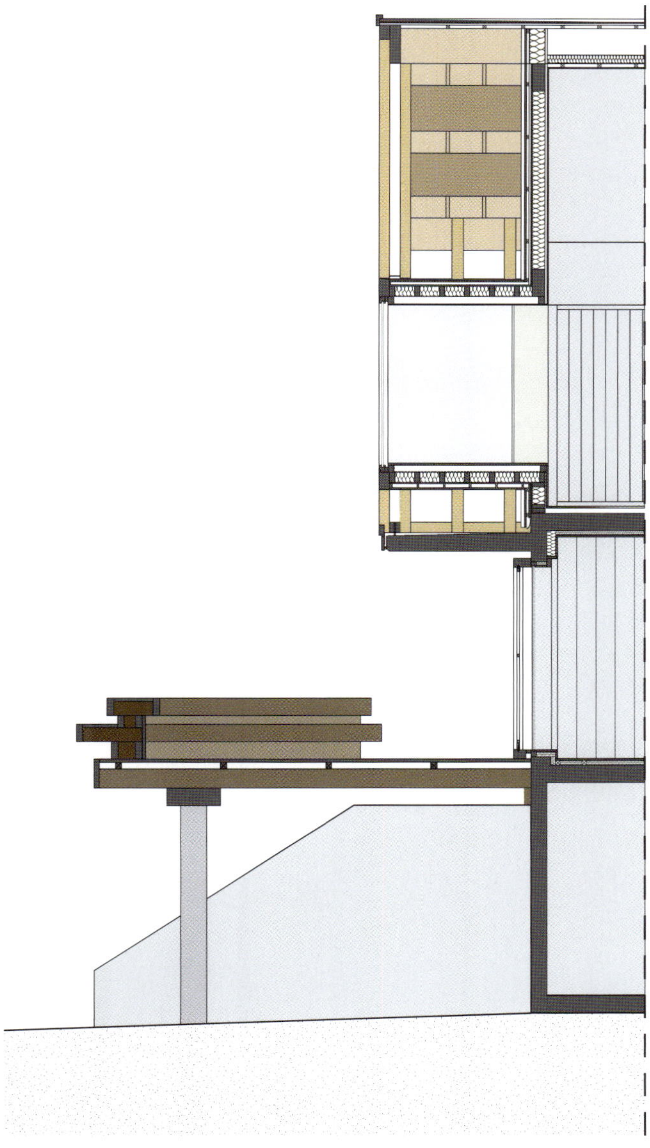

Coupe générale façade sud
Au-dessus du soubassement de béton apparent, au rez-de-chaussée, le mur de béton est habillé de bois dedans comme dehors et prolongé par la terrasse en bois. La façade épaisse et habitable des étages supérieurs contient le volume partiellement abrité du bow-window de la chambre sud-ouest, tendu comme un pont entre son mur à ossature bois et les potelets.

Coupe perspective d'une fenêtre au nord
Dans la façade nord, l'une des fenêtres des pièces d'eau est posée au nu intérieur. À l'extérieur, devant le mur à ossature bois, le bardage de planches verticales de mélèze est fixé sur liteaux et contre-liteaux, croisés pour faciliter la circulation de l'air.

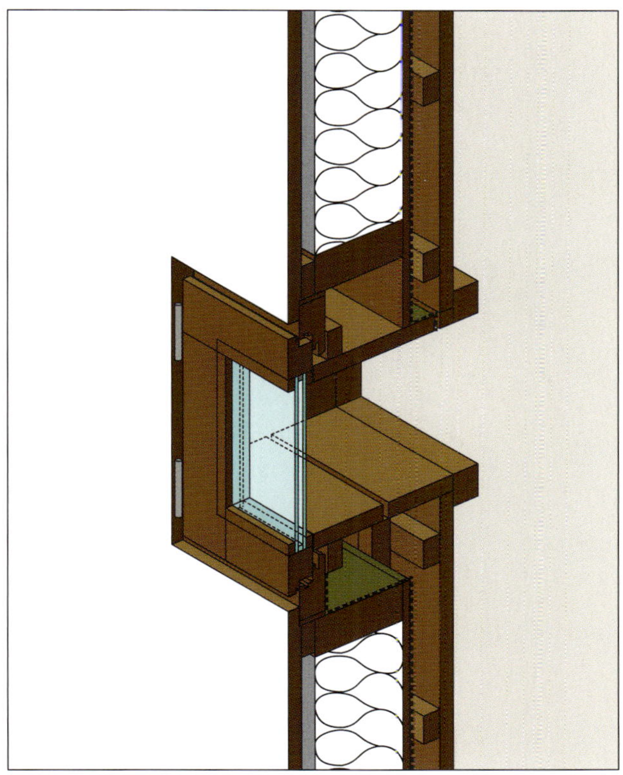

Enveloppe (suite)

Bow-window

La paroi de l'enveloppe se dédouble pour devenir une façade épaisse. Dans cette épaisseur est ménagée dans chaque chambre une ouverture habitable. Le cadre de la baie est hypertrophié, donnant lieu à une sorte de bow-window, comme le mentionnent les plans, ou plutôt d'alcôve ou de loge ouvrant sur le dehors. Cette ouverture est tout sauf panoramique. Le paysage est soigneusement cadré par les quatre faces de la boîte évidée. On peut se tenir assis ou couché dans cet endroit intermédiaire, espace de transition et d'échange. C'est le lieu d'une interpénétration du dedans et du dehors : le vitrage intégral de la face extérieure de la boîte, sans aucun encadrement, la transforme en une sorte de prise de paysage.

Chacune de ces loges est aussi une prise de lumière. Contrastant avec l'habillage de mélèze du reste de la pièce, l'intérieur des loges est revêtu de stratifié mélaminé blanc et de plaques de plâtre au plafond. La couleur blanche de toutes ses faces contribue au captage de la lumière naturelle et à sa diffusion dans la pièce. Par temps de neige, ces boîtes blanches semblent prolonger le paysage au-dedans.

Construit comme une boîte rigide, en ossature bois contreventée par des panneaux d'OSB, le bow-window est porté par le mur bois d'un côté et par les fustes de l'autre. Bien qu'en retrait de la façade, derrière les fustes, la boîte est entièrement extérieure. Ses différentes faces revêtues de bardage en mélèze sont isolées et étanches, et sa toiture peut supporter le poids de la neige.

Angle sud-ouest
Le volume limpide du bow-window contraste fortement avec le foisonnement des potelets qui l'entoure et le maintient.

Le bow-window sud-ouest
Du dehors au dedans, l'ouverture du bow-window du sud-ouest est totale ; elle n'est réduite d'aucun encadrement, feuillure ou aspérité. Les volets intérieurs refermés laissent deviner l'ouverture latérale d'aération (photo de gauche en bas). Le bow-window est praticable, on y tient debout.

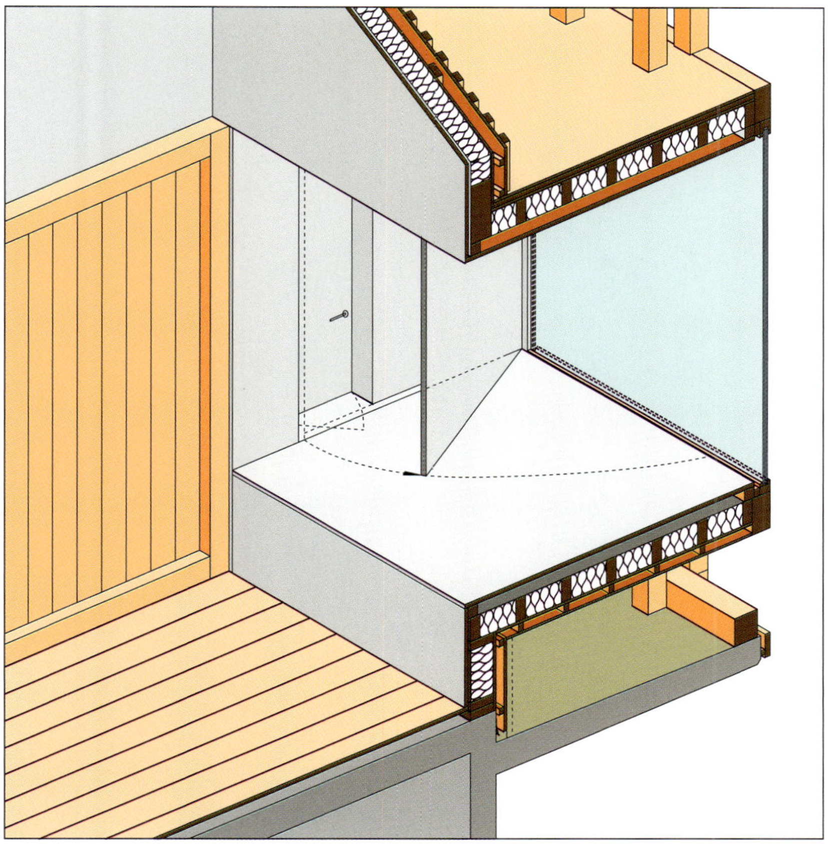

Coupe en perspective du bow-window du sud-ouest
La boîte est construite comme un édifice à ossature bois, évidé sur deux faces. Le cadre de la baie est suspendu aux fustes supérieures et appuyé sur les fustes inférieures par l'intermédiaire de broches métalliques. L'occultation est réalisée par des volets intérieurs en mélaminé blanc qui masquent l'ouverture de ventilation : une meurtrière fermée par un simple volet plein.

Aménagement

Chambres minimalistes

L'aménagement intérieur des chambres peut être qualifié de minimaliste. Le lit en est le seul meuble toléré, dans un décor monacal et monochrome, au plafond blanc comme la neige au-dehors. Les parois de mélèze renferment derrière des portes invisibles, sans charnière ni poignée, tout ce qui est nécessaire au confort du séjour, laissant au paysage son absolue prééminence.

Les cinq chambres ne sont pas équivalentes, leurs ouvertures sur le dehors étant très inégales. La chambre intégrée à l'étage du séjour, au rez-de-chaussée, bénéficie d'une porte-fenêtre autorisant sortie sur l'extérieur et indépendance de fonctionnement. À l'étage des chambres, celle du sud-ouest est dotée du bow-window le plus vaste : 1,8 × 2,8 m, avec ses deux grands volets intérieurs masquant une ouverture latérale de ventilation. L'autre chambre, au sud, permet d'accéder à la terrasse extérieure ménagée derrière les fustes, comme une loggia. Toutes deux ont une grande hauteur sous plafond. Jusqu'à une ligne nette de cimaise, à 2,60 m de haut, leurs parois sont entièrement revêtues de bois, intégrant portes, placards et fenêtres, puis murs et plafonds rampants se confondent dans une blancheur commune, en donnant une impression de hauteur infinie.

Rigoureusement symétrique l'une de l'autre, les chambres est et ouest ont un volume plus classique, au plafond plat situé sous le plancher des combles-dortoir. Leurs bow-windows sont plus étroits, mais les dimensions en sont suffisantes pour permettre à un adulte de s'y étendre : 1,86 × 0,85 m. À ce volume fermé par un vitrage fixe est adjointe une ouverture simplement close par un volet plein, thermiquement isolé par l'intégration d'un isolant mince thermo-réflecteur.

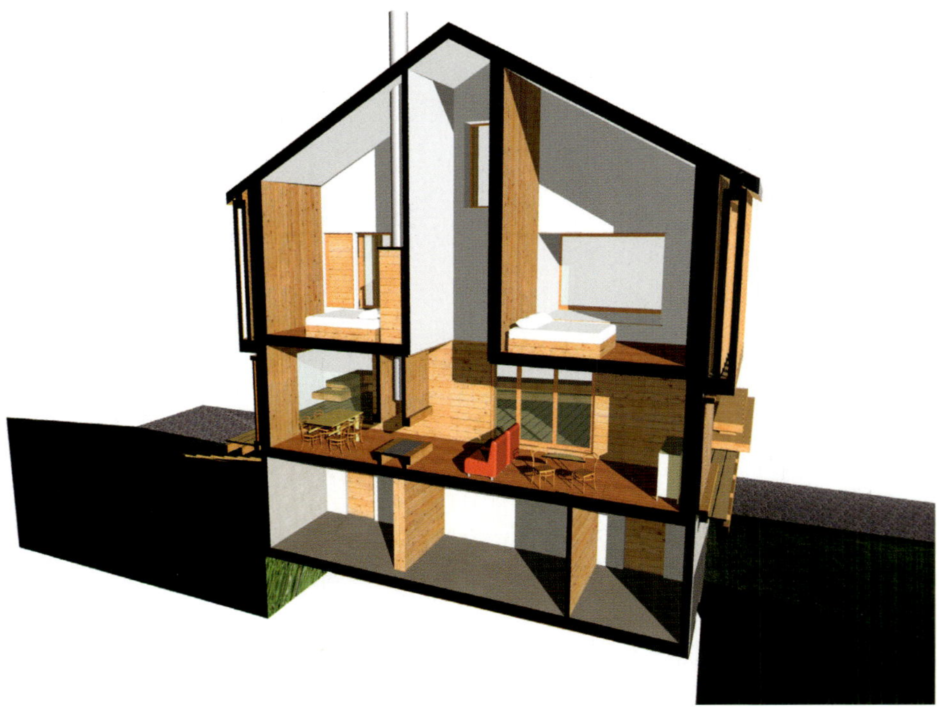

Coupe perspective transversale
Au-dessus du sous-sol cloisonné et du séjour ouvert, de part et d'autre du puits de lumière du salon, les chambres sud bénéficient d'un volume important, jusqu'au toit.

Chambre ouest
La baie vitrée fixe de la loge est complétée par un grand châssis ouvrant, volet isolé sans vitrage, intégré au parement bois du mur.

Détails d'aménagement des chambres
Le même parement de mélèze non traité recouvre les murs extérieurs de béton, les cloisons séparatives et les placards de rangement. Seules les loges et les plafonds échappent au revêtement de bois, qui s'interrompt à une hauteur de 2,60 m.

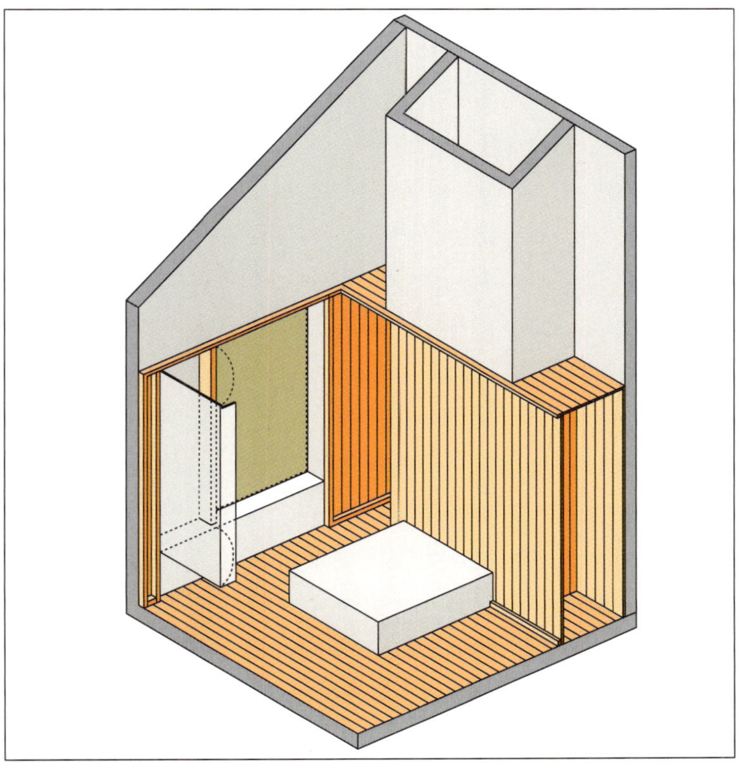

Coupe perspective de la chambre sud-est
Intégrant les gaines de conduits de fumée, placards de rangement et tablettes, l'aménagement en menuiserie traite l'ensemble de la pièce jusqu'au niveau des linteaux.

Aménagement (suite)

Cuisine intégrée

La cuisine disparaît, comme fusionnée avec l'ensemble de la salle de séjour. Seul le rangement de la vaisselle est donné à voir, dans l'axe de l'espace salle à manger, sous la forme d'un bahut traditionnel de facture locale, tandis qu'un renfoncement de la pièce abrite une cuisinière, également traditionnelle, à côté de l'évier monumental en pierre taillée. Ce renfoncement évoque l'âtre des fermes anciennes, reprenant l'idée de ces grandes cheminées abritant plusieurs fonctions sous une hotte générale.

C'est à Guillestre, à l'entrée de la combe du Queyras, qu'un vieux tailleur de pierre a réalisé sur demande cet évier à un seul bac en forme d'abreuvoir. Extrait d'une carrière locale, le marbre rose de Guillestre est avec le mélèze le principal matériau de construction des édifices de la région ; la place forte de Mont-Dauphin en est presque entièrement constituée. Ce marbre est en réalité un calcaire rose à nodules, riche en ammonites, qui, une fois poli et travaillé, donne l'aspect « marbre » dont il tire son appellation.

L'essentiel de la cuisine n'est pas là mais hors de vue, derrière ce renfoncement. De part et d'autre de ce dernier, deux portes dissimulées dans le mur bois donnent accès à un office, local allongé et fonctionnel contenant rangements, appareils ménagers et évier complémentaire. Cette arrière-cuisine permet une deuxième circulation, véritable passage secret, et renferme tous les meubles et ustensiles jugés indignes d'apparaître dans le séjour pour leur aspect ou pour les nuisances sonores et olfactives qu'ils produisent.

Passage secret
L'office dissimulé derrière la cuisine contient la plupart des appareils et des rangements nécessaires.

Cuisine marginale
Respectant l'alignement du mur, la cuisine s'intègre discrètement à la grande salle à manger

Tradition redessinée
Dans un simple renfoncement de la pièce, cuisinière et évier rappellent l'ambiance des cuisines de ferme.

Aménagement (suite)

Cheminée bois

Laissant voir le foyer de tous côtés, la cheminée suspendue est disposée près de l'angle de la grande pièce en L. La hotte est juxtaposée au puits de lumière, et son conduit est fixé à ce dernier jusqu'au toit, dont il sort sous la forme d'un tube inox. Le manteau d'acier recouvert de bois se confond avec les autres parois de la pièce. Ses faces sont traitées comme le plafond, les murs et le sol, qu'elles semblent prolonger.

Posé sur le foyer surélevé à 40 cm du sol, un ensemble de grilles encadrant des panneaux de fine résille métallique sert de pare-étincelles périphérique. Stratégiquement positionnée à la limite de la salle à manger et du séjour, sans encombrer ni l'un ni l'autre, la cheminée matérialise la démarcation entre ces deux parties de la grande pièce à vivre du chalet.

Cheminée séparative
L'âtre « quatre faces » et sa hotte entièrement recouverte de bois organisent l articulation des deux parties de la pièce à vivre en L du chalet.

Atmosphère

Dans le milieu austère et parfois hostile de la haute montagne, à l'intérieur d'une enveloppe qui, vue de loin, pouvait sembler classique, se cachent des espaces habitables intimes et chaleureux, comme dans beaucoup de chalets de bois. L'habillage de toutes les parois intérieures dans ce même bois de mélèze contribue évidemment à l'ambiance familière de ces chalets. Ici, la rigueur du dessin, le soin apporté au détail, l'absence de mobilier, empêchent cette profusion de devenir envahissante. Mais surtout, ce que laisse pressentir de l'extérieur un traitement inhabituel des ouvertures se confirme dans toutes les pièces : le refuge protecteur n'est pas introverti ; il profite largement des qualités du dehors, baigne dans une abondante lumière, offre des vues cadrées sur les paysages.

Fiche technique

Architecte : Atelier Fernandez-Serres architectes (13, Aix-en-Provence) ; architecte assistant G. Calas
Localisation : Abriès (Hautes-Alpes)
Surface : 250 m^2 SHON (terrain 639 m^2)
Coût des travaux : 360 000 € HT (hors honoraires d'architecte)
Achèvement des travaux : 2005, après sept mois de chantier

Matériaux :
– Structure bois : murs à ossature bois de mélèze et panneaux Trip y ; potelets de fustes de mélèze contrecollé
– Structure béton : murs et planchers de béton armé préfabriqué sur place
– Parement de façade : bardage de mélèze brut de sciage, non traité
– Isolation : laine de roche et isolant mince Actis
– Doublages intérieurs : mélèze
– Toitures : bardeaux de mélèze
– Sols : 3 plis de mélèze
– Menuiseries extérieures : menuiseries et volets coulissants en mélèze
– Vitrages : vitrage isolant à faible émissivité de chez Glaverbel
Chauffage central au gaz
Entreprises :
– BET BA : Ostian (05, Gap)
– Charpente et construction bois : Boulot (05, L'Argentière-la-Bessée)
– Menuiserie : Faure (05, L'Argentière-la-Bessée)
– Gros œuvre : Bucci Frères (05, Aiguilles)

Autoconstruction d'une maison verte en Moselle

Retour aux sources

Pour un peu, cette construction de bois et de terre aux formes inattendues, blottie sous les grands chênes centenaires, évoquerait le temps des chemises à fleurs, du retour à la terre et des communautés hippies de la côte californienne. Elle est pourtant très actuelle, à la pointe des techniques d'aujourd'hui pour les économies d'énergie et le respect de l'environnement. Elle témoigne de l'attachement d'une famille à la sauvegarde du milieu naturel et de son implication dans la dynamique du développement durable, sans le céder en rien à la qualité architecturale.

Histoire d'une maison

Plein cadre

Plus encore que la modestie du budget, la topographie du site et la forme de la parcelle semblaient limiter les ambitions du projet. Il a fallu en comprendre les potentialités et extraire de ce contexte les vertus que l'architecte était venu chercher : la beauté simple d'un paysage champêtre, la paix et le silence d'une nature préservée. La liberté formelle qui caractérise son travail l'a aidé à organiser une habitation fonctionnelle et chaleureuse, dotée d'une bonne gestion des ressources locales.

Hultehouse est un village de Moselle de quatre cents habitants, à 400 m d'altitude, sur les contreforts des Vosges. Dans le massif forestier de Saverne, entre Alsace et Lorraine, Strasbourg et Nancy, il offre encore un décor champêtre où la forêt ne semble s'interrompre que pour laisser place à la prairie. L'atmosphère rurale persiste, malgré la multiplication des constructions neuves, en particulier à la périphérie, sous forme de lotissements. Ici, les hivers sont rigoureux et les saisons contrastées, même si, aux dires des habitants persuadés de vivre au-dessus des nuages, le site de Hultehouse bénéficie d'un microclimat et d'une exposition favorables, qui lui donneraient chaque année soixante jours de soleil de plus que dans la vallée.

C'est près de ce village que l'architecte Michaël Osswald a trouvé l'opportunité de construire une maison de vacances pour sa jeune famille. Il s'agissait d'une ancienne parcelle agricole d'un millier de mètres carrés orientée nord-sud, longue, étroite, entourée de maisons récentes, mais au prix avantageux. Après plusieurs séjours sur place, il décidera d'en faire sa résidence principale. Elle était bordée d'une haie de gros arbres et d'un bosquet de chênes centenaires.

Échaudé par une première tentative malheureuse de construction d'une maison contemporaine dans cette région conservatrice, l'architecte fit ajouter au compromis de vente la clause suspensive de l'obtention du permis de construire. Heureusement, il fut vite encouragé par la découverte d'un autre projet audacieux, la propre maison de l'architecte Thierry Maire, de l'agence alsacienne TOA, que ce dernier faisait construire dans le même village. Quoique différente, de forme simple et linéaire, mêlant métal et bois, cette architecture n'en est pas moins elle aussi inhabituelle. Finalement, tous deux ont pu mener à bien leur projet, apaisant les craintes du voisinage.

L'architecte

Le thème de son diplôme proposait déjà une solution de rechange au lotissement par une démarche écologique et portait la marque d'un regard engagé et responsable. **Michaël Osswald** partage depuis six ans ses idées et ses recherches avec deux autres architectes, Olivier Greder et Emmanuelle Rombach. Après l'école d'architecture de Strasbourg, leurs premières expériences croisées les ont amenés à participer à un concours d'idées pour un habitat de loisirs. Lauréats, ils montent l'agence G. Studio, répondent aux premières commandes et se font connaître par une architecture contemporaine et environnementale. Leur activité aborde depuis peu la commande publique, avec des projets de crèches, de logements sociaux, préfabriqués en KLH, ou de groupements de maisons individuelles.

Vues
Dès le dessin des avant-projets, les vues sur le paysage environnant ont été étudiées avec attention.

Assiette
Le terrain du projet est en pente douce vers le sud, vers l'emplacement choisi pour la construction, contre le bosquet de grands chênes.

Voisinage
Plutôt élevées, couvertes de toits pentus, les maisons du voisinage sont également récentes sans grand rapport avec les traditions locales.

Orientations
Le schéma d'étude figure l'implantation du projet dans le site et ses ouvertures sur le paysage.

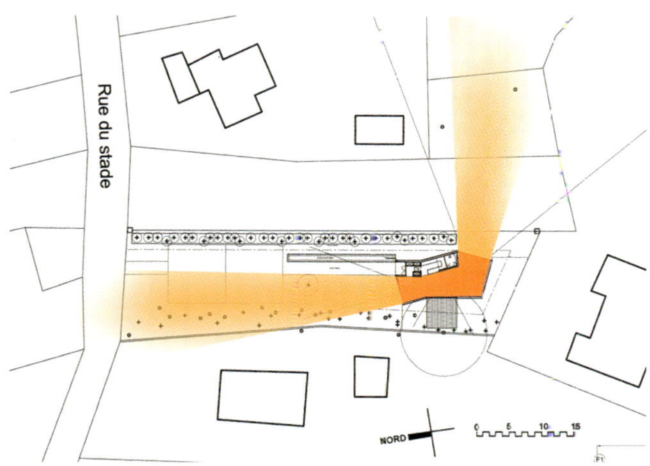

Maison contemporaine
Dans le même village, la maison d'un autre jeune architecte n'est pas passée inaperçue.

Programme

Cultiver son jardin

Manifeste architectural, acte militant écologiste, expérience d'autoconstruction, exercice de style, gageure d'une construction à moindre coût, les raisons et motivations de ce projet peuvent être diversement interprétées. Le programme n'en reste pas moins classique, conforme en tout cas aux attentes de beaucoup de citadins à la recherche d'un refuge rural, d'une position de repli, temporaire ou permanente.

L'implication de l'architecte est forcément différente dans une réalisation dont il est aussi le maître d'ouvrage. Les libertés et les contraintes s'en trouvent décalées : dans ce jeu de rôle, il peut oser des formules inédites, se permettre des audaces que des clients refuseraient, mais il se heurte aussi crûment aux limites budgétaires.

Michaël Osswald poursuivait en fait un double dessein. Comme tout architecte, il souhaitait habiter des espaces généreux, et pas seulement en surface. Pour la réalisation de sa propre maison, il entendait mettre en œuvre les principes qui guident son travail pour les autres et faire en sorte que cette habitation soit à son image et témoigne, par un zeste de fantaisie, de sa liberté de caractère. Il souhaitait enfin pousser l'expérience d'une maison environnementale. Bien dans l'air du temps, sa démarche s'accordait à la prise de conscience qui se faisait jour dans la région. Le maire de la commune avait récemment favorisé le tri sélectif et implanté une station d'épuration.

La construction bois était tout indiquée pour limiter l'impact du projet dans le site. De loin, la maison serait moins visible, à plus forte raison si elle se tenait sous les frondaisons, à la lisière du boisement. Le bois exprimerait la légèreté de la maison, détachée du terrain par de frêles pilotis.

L'architecte semble s'être appliqué à lui-même un cahier des charges rigoureux pour le choix des solutions techniques et des matériaux. Parmi ces règles strictes, il devait éviter les matériaux exotiques, préférer les essences de bois locales afin de limiter le transport et optimiser le fonctionnement thermique de la maison pour réduire la consommation d'énergies non renouvelables sans sacrifier le confort.

S'accordant à son budget limité, le programme se montrait plutôt minimal, voire modeste pour une habitation de vacances : une sorte de grand studio de 80 m^2 convenablement équipé d'une salle de bains, d'une cuisine ouverte, d'un coin chambre et d'un coin bureau « atelier ». Les extensions futures, qui ne manqueront pas de s'avérer nécessaires, seraient traitées comme des volumes distincts sortes de satellites de la maison initiale.

Moins qu'une aspiration à l'autarcie, la présence autour de la maison d'un jardin potager, d'un clapier, d'un poulailler et d'un enclos pour les chèvres et les moutons exprime la volonté de retrouver une vie plus « naturelle », de s'ancrer dans le terroir, d'initier ses enfants aux choses de la campagne. Le résultat est tout le contraire d'un pavillon de banlieue isolé au milieu de sa parcelle : une maison inscrite dans le site pour vivre en harmonie avec la nature.

Pigeonnier
La terrasse extérieure sous les arbres est surmontée d'une volière pour pigeons voyageurs aménagée sur le toit.

Refuge
De loin, on pourrait croire au refuge de quelque ermite fantasque.

Clins d'œil
Autour de la maison sont regroupés la basse-cour, avec son clapier, la fontaine et l'abreuvoir, le potager et sa serre, sans oublier l'enclos pour chèvres et moutons et la toiture qui accueillera bientôt les ruches des abeilles.

Projet

Utopique et atypique

Ses formes, produites par une géométrie savante et mystérieuse, semblent issues de l'art du papier plié. Les ouvertures ne sont pas des fenêtres mais des interruptions de la paroi, des faces de l'enveloppe laissées libres par le pliage. À l'intérieur, l'espace de l'atelier-séjour-chambre est fluide. À ses extrémités à peine matérialisées par une vitre, il s'ouvre au-dehors sur le paysage, en pleine largeur et toute hauteur, sans le moindre encadrement. Au cœur du dispositif, le toit plat se soulève, offrant air et lumière aux pièces de service.

Le projet est dessiné en fonction de sa position dans le site, de la forme de la parcelle et du contexte dense des maisons voisines. Le cadrage des vues tient compte des vis-à-vis, du respect de l'intimité et de la volonté de dégager des perspectives malgré les obstacles et masques proches. À partir du parallélépipède habituel, la forme et l'orientation de la parcelle ont infléchi l'enveloppe du projet, déterminé son volume, orienté ses faces et défini leurs percements jusqu'à lui donner une apparence atypique.

L'organisation du plan est limpide. Réunissant les espaces fonctionnels, une bande servante se déroule côté nord et est, le reste ne formant qu'une seule pièce : la porte d'entrée est la seule porte de la maison. Le porche, dans l'axe de la parcelle, semble se porter à la rencontre du visiteur. La partie service, en liaison avec les nécessités immédiates, est ancrée au sol, tandis que l'espace de vie s'en détache et s'élève. Les fondations ponctuelles permettent de détacher visuellement ce dernier du terrain.

Isolation thermique, chauffage et renouvellement de l'air tendent à procurer un confort thermique satisfaisant en limitant les dépenses d'énergie. Une tourelle dominant un puits de lumière favorise la thermoconvection, à la manière d'une cheminée de ventilation naturelle. Son volume proéminent sur la toiture végétalisée semble sortir de terre ou émerger comme un sous-marin qui viendrait de faire surface.

En toiture, installés sur ce même édicule, deux panneaux capteurs solaires assurent, sur 4 m^2 seulement, les besoins d'eau chaude sanitaire. Des ouïes de ventilation sont disposées dans la façade, à l'opposé de l'arrivée de l'air neuf produit par un puits canadien.

Plans fixes
Le cadrage des vues par les ouvertures a été prévu à l'avance pour privilégier les dégagements et éviter les masques des constructions environnantes.

Confrontation
À gauche, le photomontage réalisé pour la demande de permis de construire montrait comment le projet se glisserait doucement dans le paysage, entre l'imitation incarnée par le toit végétal et le détachement de son contact au sol. Fidèle à l'idée de départ, la réalisation se confond avec l'image virtuelle du projet.

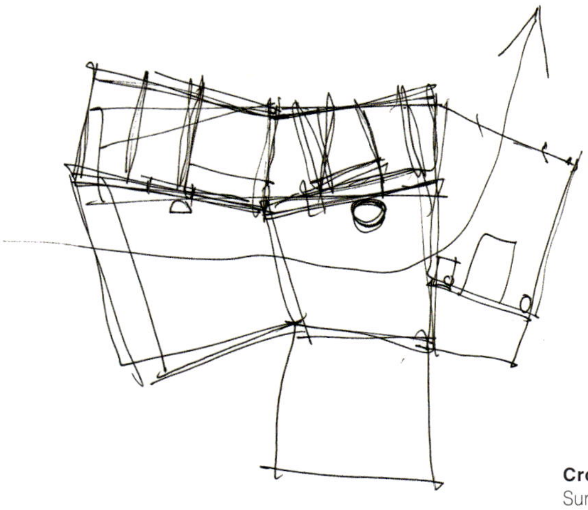

Croquis d'étude
Sur ce schéma d'intention la flèche exprime la dynamique recherchée de l'espace intérieur et sa progression ascendante du nord-ouest vers le sud-est.

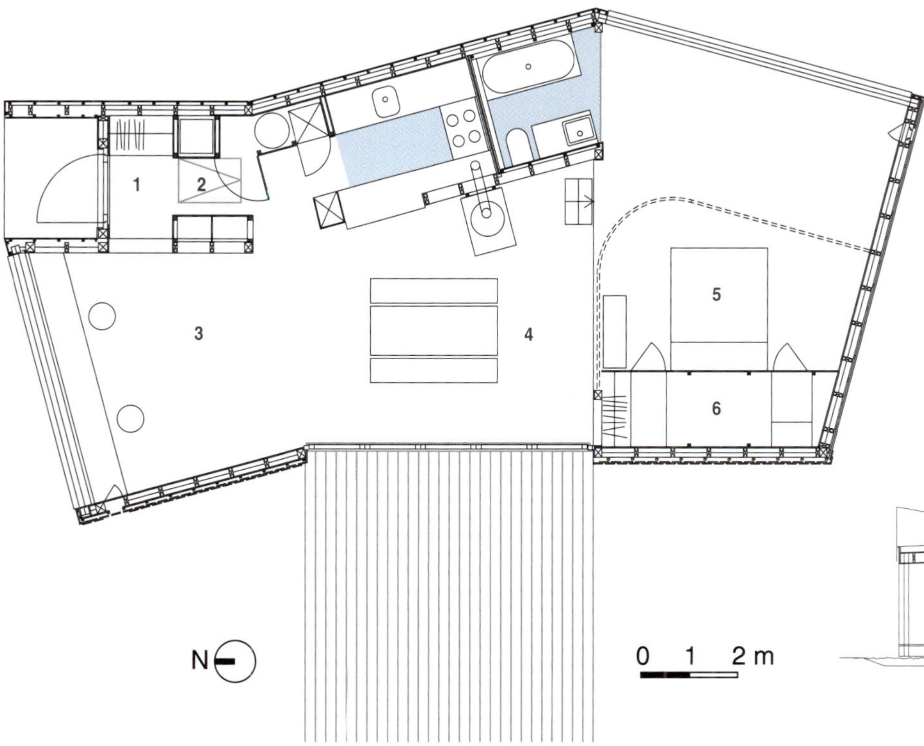

Plan et coupe sur bande de service et chambre
1. Entrée
2. Accès cave
3. Atelier-bureau
4. Séjour
5. Chambre
6. Dressing

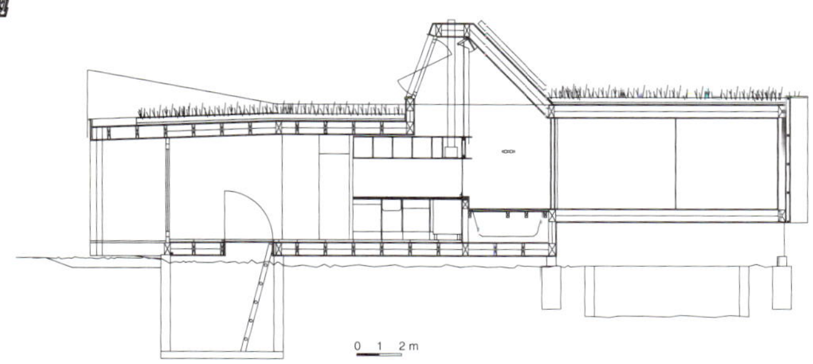

Portfolio

Architecture organique

Dans le contexte bucolique de ce massif forestier, le choix du matériau bois pour cette construction apparaît avec une évidence particulière. Selon l'angle de vue, son architecture semble le fruit d'une culture locale. Basse-cour, appentis et jardin potager, qui se succèdent le long du chemin d'accès, annoncent l'aspiration à l'autosuffisance, voire à l'autarcie. Pour autant, cette habitation contemporaine, dotée du confort le plus moderne, recèle des espaces clairs et fonctionnels, plutôt savants que vernaculaires : elle abrite des urbains impliqués dans la vie de la cité.

Ensoleillement
Des capteurs sur le toit assurent le réchauffement de l'eau sanitaire. La grande baie du sud-est permet aussi de bénéficier des apports solaires.

Estrade sur jardin
À la belle saison, la terrasse extérieure ombragée double le séjour. Construite à son niveau, elle domine le jardin d'une trentaine de centimètres.

Séjour avec terrasse
Permettant de profiter pleinement de la terrasse extérieure, les cinq vantaux de la baie vitrée se replient en accordéon pour libérer entièrement l'ouverture.

Salon de repos
Dominant le reste du séjour de 70 cm, le niveau haut sert de chambre à coucher. Le décalage des planchers libère un appréciable espace de rangement.

Salle commune
Sans la moindre poutre apparente, l'espace intérieur est fluide et lumineux ; il semble orienté vers la grande baie du sud-est. Seule référence rustique, au milieu du séjour, adossé à la cuisine, trône le poêle à feu continu, qui se transforme en cheminée ouverte ou fermée.

Chambre à coucher
Un lourd rideau de feutre peut séparer la chambre du séjour. Dans cet espace ouvert, les activités des uns et des autres ne sont pas toujours compatibles.

Cahier technique

Maison à colombage

La contradiction apparente entre une construction bois, présumée légère, et une toiture végétale, plutôt pesante, est résolue par le recours à une structure traditionnelle à colombage, mettant en jeu de belles pièces de bois façonnées par un charpentier. Mais ce travail de maître artisan n'est pas donné à voir et reste caché derrière les panneaux de parement. L'architecte a opté pour une peau intérieure lisse et nette. Son intérêt s'est porté sur l'efficacité des dispositifs d'économie d'énergie, mais aussi d'économie tout court, tant le budget était modeste.

L'autoconstruction n'explique pas tout. Des solutions ingénieuses ont été mises en œuvre pour respecter les limites budgétaires d'un projet à la liberté architecturale plutôt onéreuse. Le dialogue avec les artisans a orienté les options techniques vers la simplicité et parfois l'audace, comme le choix de doubler les grands châssis fixes au lieu d'utiliser des doubles vitrages.

Comme toujours, mais plus spécialement quand il en est le maître d'ouvrage, l'architecte ne sacrifie pas facilement la qualité de l'espace qu'il imagine à des impératifs techniques ou financiers. L'espace fluide et les trois grandes baies vitrées qui ouvrent sur le paysage et la terrasse n'auraient pas résisté à la création d'appuis intermédiaires, de retombées de poutres, de montants supplémentaires ou encore d'encadrements plus épais. Les solutions techniques, de charpente en particulier, ont permis de tenir les objectifs.

Il n'aurait pas non plus été acceptable de déroger à l'éthique environnementale, à ses options initiales concernant les matériaux locaux et écologiques, souvent plus coûteux. L'architecture intérieure claire et nette ne laisse rien paraître des tensions et contradictions entre objectifs concurrents : la double peau les assume.

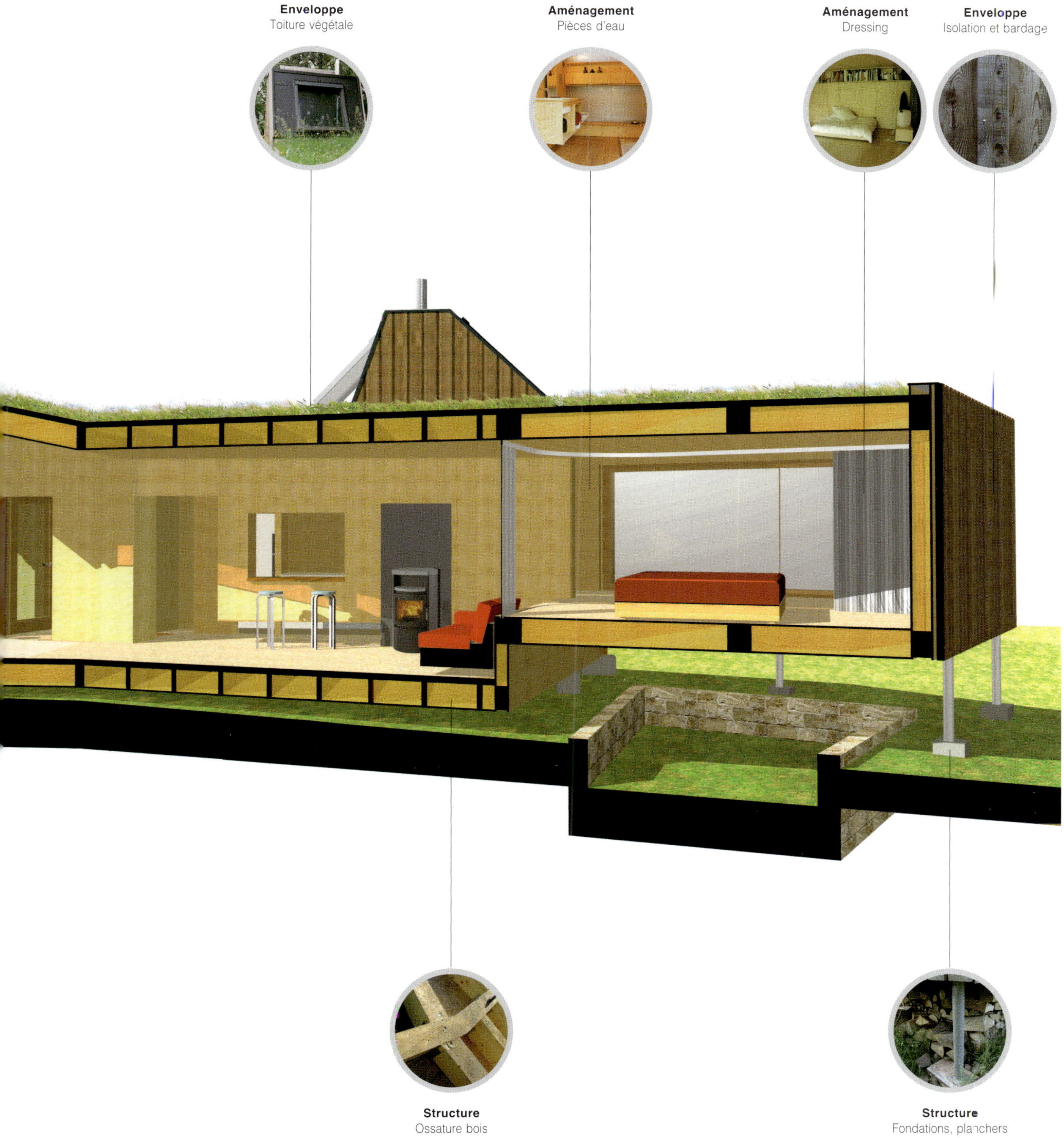
Enveloppe
Toiture végétale
Aménagement
Pièces d'eau
Aménagement
Dressing
Enveloppe
Isolation et bardage
Structure
Ossature bois
Structure
Fondations, planchers

Structure

Fondations, planchers

L'infrastructure de la construction se voulait minimale. Des fondations isolées et peu profondes, formées de douze plots de béton, suffisent à ancrer le petit bâtiment dans un terrain homogène. Comme pour en témoigner, la partie sud s'élève au-dessus du sol, à peine soutenue par de minces potelets métalliques qui mettent en évidence la légèreté de la réalisation.

Compte tenu de la nature du terrain, argileux et sableux mais homogène, le choix s'est porté sur des fondations superficielles et isolées. L'implantation aux pieds des grands chênes imposait aussi d'éviter le recours à des fondations profondes et à des semelles filantes. Douze plots de fondation, constitués de cylindres de béton armé d'une quarantaine de centimètres de diamètre, ont été coulés à une profondeur variable, généralement de l'ordre d'un mètre. À partir du sol, ils sont surmontés, grâce aux fers laissés en attente, de dés de béton de 30 × 30 cm, sur lesquels sont fixées les poutres. Ces dés intermédiaires permettent de détacher suffisamment la construction bois au-dessus du terrain pour la préserver de l'humidité.

Pour porter le plancher surélevé de la zone chambre, plus haut de 70 cm, des potelets en tube d'acier galvanisé de 8 cm de diamètre s'interposent, fixés par des platines carrées, soudées en tête et en pied. Deux plots complémentaires, à l'ouest, donnent appui à la terrasse extérieure en bois.

Une cave de deux mètres sur deux est construite en maçonnerie sous l'entrée de la maison. À ce point de nécessaire contact avec le terrain, l'ouvrage de maçonnerie facilite la prévention des remontées d'humidité. Au total, ce sont 10 m^3 de béton armé qui ont été coulés pour réaliser les fondations et la cave.

Une excavation d'un mètre de profondeur dans le terrain naturel permet de ménager sous le plancher de la chambre, déjà surélevé d'un mètre, une cave non close, sorte de remise permettant le rangement abrité du matériel de jardin.

Potelet métallique sous la chambre
Entre les dés qui coiffent les fondations et le plancher surélevé de la chambre, ces potelets constitués d'un simple tube d'acier galvanisé sont soudés à des platines carrées fixées dans le béton.

Terrassement, fouilles et réseaux
En haut, implantation de la construction, figurée par des fils tendus entre des « chaises », ensembles de trois piquets de bois plantés dans le terrain, en bas, construction en maçonnerie de la cave, profonde de 2 m, réalisation des plots de béton armé et tranchée du puits canadien.

Plan de fondations
Les plots entourent la cave, qui apparaît en filet gras (noir). Ils sont disposés aux extrémités et au milieu de la portée des poutres principales. Dans l'axe de la parcelle, sur une trentaine de mètres de long, la conduite d'air du puits canadien est enfouie à 1,5 m de profondeur.

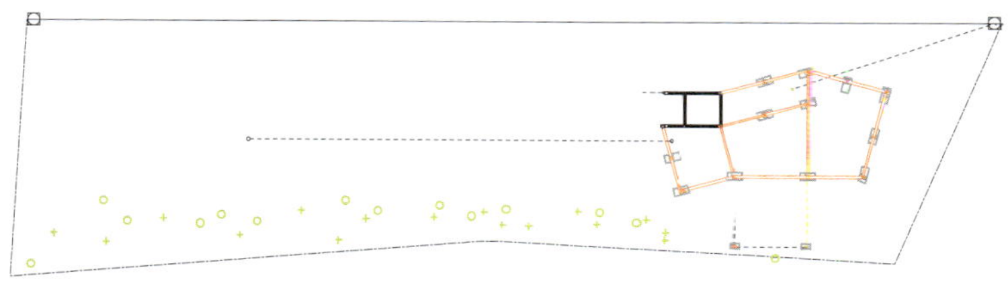

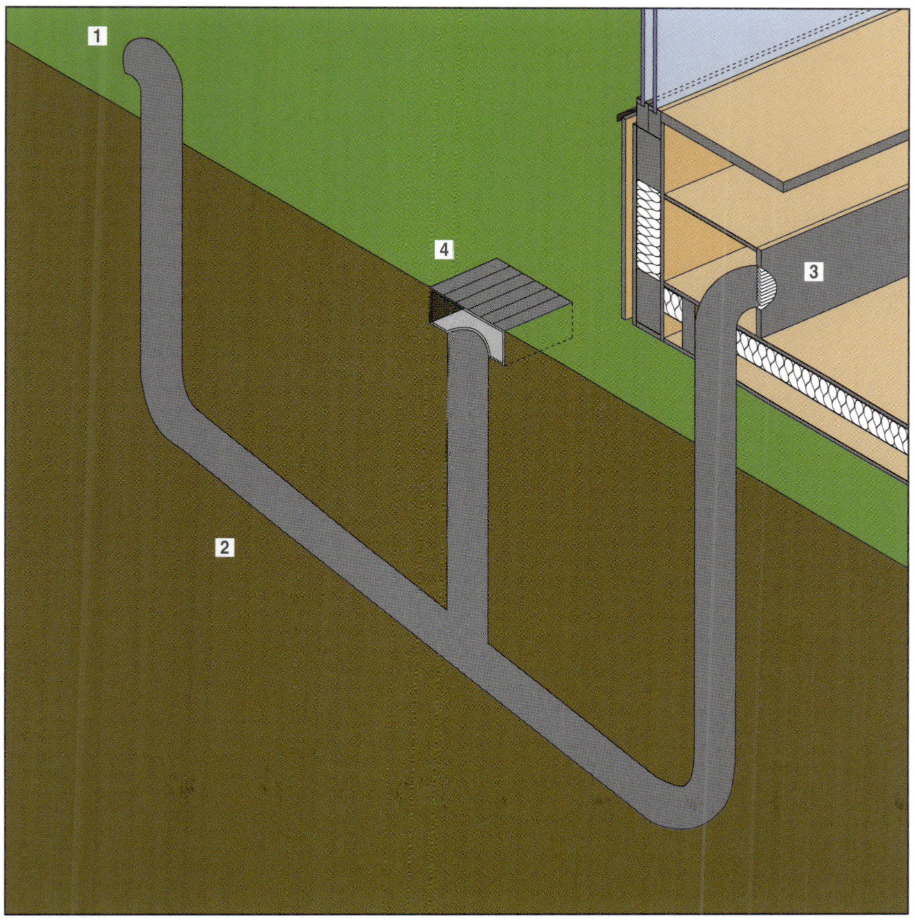

Puits canadien
L'arrivée d'air frais du puits canadien est positionnée dans l'angle nord-ouest de la maison, sous le plan de travail de l'atelier-bureau, au point le plus éloigné de la ventilation haute du puits de lumière par laquelle s'évacue l'air vicié, et diamétralement opposée à l'ouïe de ventilation de la chambre. Sur le schéma : **(1)** entrée d'air ; **(2)** tuyau avec forme de pente à 1,5 m de profondeur ; **(3)** arrivée d'air frais ; **(4)** regard de contrôle et évacuation des condensats.

Structure (suite)

Ossature bois

La technique traditionnelle du pan de bois ou de la construction à colombage consiste à construire des panneaux rigides en assemblant des bois de forte section par tenons et mortaises et en intégrant des pièces de contreventement, en oblique ou en croix. Remplissage ou parement ne jouent pas de rôle structurel ; l'ossature peut apparaître en façade. Cette technique est à l'origine des procédés plus modernes développés notamment en Amérique du Nord sous les noms de *balloon-frame* et *platform-frame*, qui utilisent des pièces de section plus faible mais contreventées par des panneaux de bois.

La construction à colombage est ici employée de manière contemporaine. Prise entre des panneaux d'OSB à l'extérieur et 3pli d'épicéa à l'intérieur, la structure n'est jamais apparente. Les éléments sont assemblés à l'aide de connecteurs métalliques pour les poutres et par tenons et mortaises pour les poteaux. Les fortes sections des pièces de bois permettent de supporter, sans appui intermédiaire, les charges des toitures végétalisées sur des portées de plus de 5 m.

Les pièces sont usinées en atelier, mais l'ossature est entièrement construite sur place, contrairement aux systèmes de murs de bois à montants de faible section, qui peuvent être préfabriqués ou assemblés à plat sur le site, avant d'être dressés.

Le charpentier qui a réalisé cette construction participe fréquemment à la construction de maisons à colombages. Il retrouve là son activité traditionnelle et l'expression la plus digne de son savoir-faire. Cela ne l'empêche pas d'utiliser l'outil informatique le plus récent et de modéliser lui-même les projets. Il les réalise ensuite dans un épicéa local très sec, raboté.

Pièces de liaison
À la différence des maisons alsaciennes traditionnelles, les assemblages modernes des structures bois à colombage utilisent des connecteurs métalliques et sont masqués par les panneaux.

Chantier de construction de l'ossature
Du plancher bas jusqu'au toit, l'ossature s'élève de la façon la plus classique. Les pans de bois comportent des pièces obliques de contreventement. Quelques appuis extérieurs suffisent à en conforter temporairement la stabilité, avant la pose des panneaux verticaux qui n'intervient qu'une fois achevé le squelette de la construction.

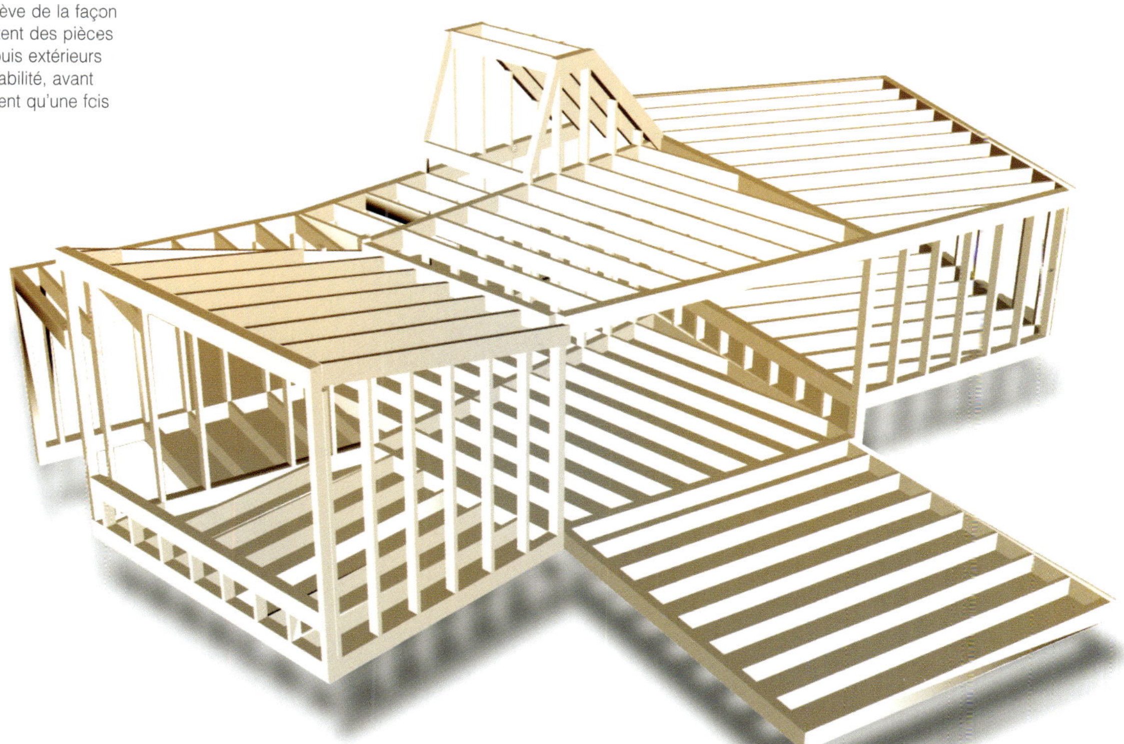

Maquette virtuelle de l'ossature
L'outil informatique permet de modéliser les constructions de forme complexe et facilite la conception des ossatures bois et le dialogue entre architecte et charpentier.

Enveloppe

Isolation et bardage

En comparaison d'une construction lourde, en maçonnerie, une maison en bois présente une faible inertie thermique. Pour un usage intermittent, comme celui d'une maison de vacances ou d'un chalet, cela peut se révéler avantageux, en écourtant le délai de mise en température. Pour une résidence permanente en climat continental comme celle-ci, une inertie est apportée par le chauffage d'une chape de béton au sol et le choix d'un poêle scandinave, en complément d'une efficace isolation thermique de l'enveloppe.

Le bardage vertical extérieur est en planches de mélèze brut de sciage avec couvre-joints, fixées sur un double lattage. Le bois utilisé pour le bardage extérieur des façades provient d'une scierie locale, située à 15 km à peine. La pose verticale augmente la durée de vie du bardage en accélérant l'écoulement des eaux pluviales. Ce dernier ne reçoit aucun traitement de finition et dispense d'entretien. Il prend rapidement une patine qui le protège et lui donne un aspect ancien, marqué de traces diverses aux tons variés.

L'isolation thermique est disposée dans l'épaisseur des murs et des planchers, enfermée par les panneaux d'OSB extérieurs et de parement intérieurs en épicéa. L'isolant est constitué de produits écologiques à base de cellulose fabriquée à partir de recyclage de papier journal, en incorporant un composant de protection feu. Sur les murs, les flocons de cellulose sont projetés humides entre les éléments de structure verticaux et obliques, sur une épaisseur de 14 cm. Au sol et au plafond, les flocons de cellulose en vrac sont insufflés à sec entre les solives, dans l'espace que renferment les panneaux intérieurs et extérieurs, sur une épaisseur de 25 cm.

Le chauffage électrique par le sol complète le poêle scandinave à bois, à moins que ce ne soit le contraire : la complémentarité des deux moyens de chauffage apporte une souplesse de fonctionnement et un confort d'utilisation en s'adaptant aux conditions extérieures. Le rayonnement de la chaleur du poêle, plus réactif, assèche rapidement l'atmosphère, ce qui est appréciable par temps de pluie, tandis que le chauffage par le sol maintient une température constante et régulière tout au long de l'hiver.

Après l'arrêt du chauffage, l'isolation thermique et l'inertie de la chape de plancher permettent de maintenir la maison hors gel pendant plusieurs jours, par un froid extérieur de – 10 °C. Une chape de béton est coulée sur le plancher du niveau bas, couvrant près de deux tiers du sol de la maison. Elle intègre le réseau de résistance électrique pour le chauffage à basse température. C'est une chape talochée fin, traitée à l'huile de lin et recouverte d'un vernis bio.

Bardage des façades
Les planches verticales et les couvre-joints de mélèze brut de sciage prennent en quelques mois une patine qui leur donne des tons divers du brun clair au gris argenté.

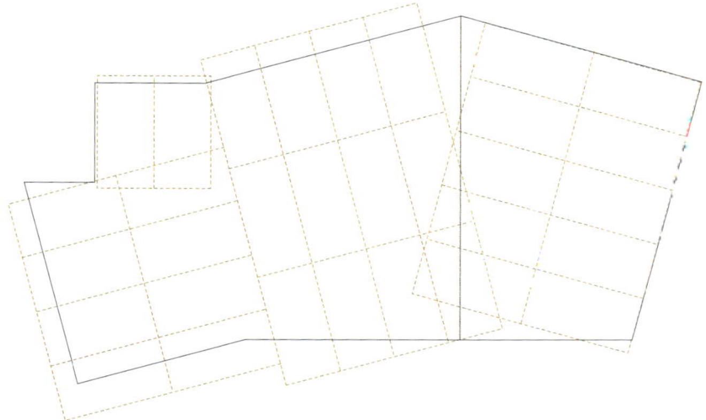

Pose du bardage extérieur
Sur des panneaux d'aggloméré OSB couvrant toute la façade sont fixées des lattes verticales puis horizontales pour favoriser la circulation de l'air. Les planches de mélèze sont vissées en maintenant un espacement vertical régulier que masqueront ensuite une série de planches plus étroites formant couvre-joints, fixées par clous inox.

Plan de calepinage des panneaux d'aggloméré OSB
Disposition des panneaux au sol. Au total, avec les parois verticales, près de 500 m² de panneaux d'OSB ont été posés.

Isolation écologique
L'isolation thermique posée au sol, au plafond et sur les murs est faite de flocons de cellulose.

Plancher chauffant
Le plancher chauffant est réalisé en disposant au sol une résistance électrique sur un film étanche PVC, avant coulage d'une chape de ciment.

Enveloppe (suite)

Menuiseries extérieures

La rigueur du climat, conjuguée au souci d'économie d'énergie, pouvait conduire à limiter les ouvertures. Pour ne rien sacrifier du projet architectural, des cadrages du paysage et des plans panoramiques recherchés, le choix s'est porté sur une solution originale, relativement économique, fondée sur un principe de séparation des fonctions. Les plus grandes baies offrant la vue au dehors sont fixes, la ventilation étant assurée par ailleurs, et les doubles vitrages sont réalisés « maison ».

Pour réduire les dépenses, les deux grandes baies nord et sud-est éclairant l'atelier et la chambre sont fermées par des vitrages fixes. Dans les deux cas, une sorte d'ouïe de ventilation latérale est ménagée dans la façade, à côté de la baie. Cette ouverture verticale est peu visible en façade, le bardage devenant simplement à claire-voie sur une largeur de 30 cm, complété par un grillage fin. Elle est fermée par un volet intérieur isolé.

Les doubles vitrages sont réalisés sur le chantier en posant simplement deux verres feuilletés séparés par une lame d'air. Un gel de silice prévient la formation de condensation. Les vitrages sont posés dans des cadres réalisés en mélèze puis fixés par des parcloses de bois. Chacune des grandes baies est réalisée en deux parties, avec un joint médian en silicone pour limiter les dimensions des vitrages.

La grande baie ouest du séjour fait exception. Plus classiquement réalisée en châssis vitrés coulissants qui se replient en accordéon, elle s'ouvre entièrement sur la terrasse extérieure. Les cinq vantaux de 0,9 × 2,4 m intègrent des doubles vitrages dans des cadres réalisés en lamellé-collé de mélèze.

Un grand châssis de toiture placé sur le versant nord du toit de la tourelle fait office de puits de lumière mais n'offre pas de vue sur le dehors. Il joue en outre un rôle essentiel pour la ventilation. Son ouverture pivotante est assurée mécaniquement et commandée par un câble.

Puits de lumière
La fenêtre de toit perchée sur la tourelle la transforme en puits de lumière.

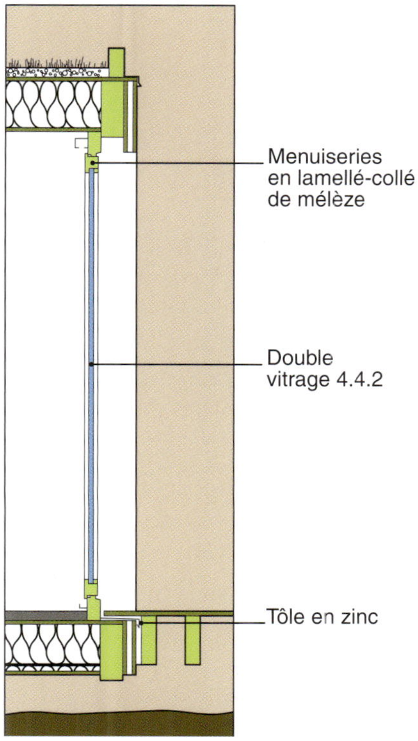

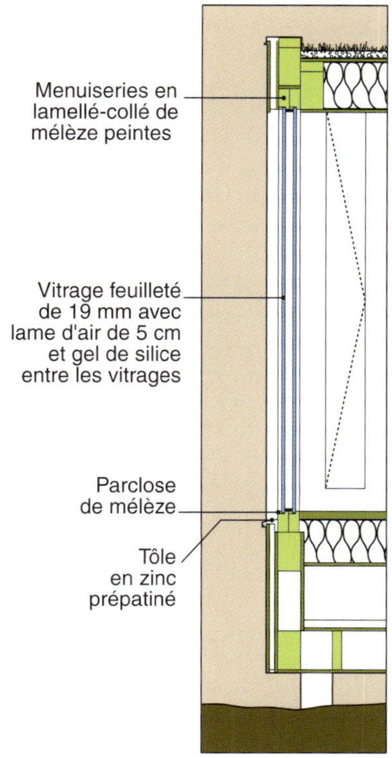

Coupes sur les baies vitrées
La baie du séjour ouvre sur la terrasse (à gauche). La baie fixe de la chambre est réalisée en juxtaposant deux châssis vitrés.

Pose des vitrages
Mise en place des grands vitrages fixes de la chambre. En bas, à côté du vitrage fixe, l'ouïe d'aération verticale est fermée par un volet isolant.

Pièce maîtresse
Détail d'une des charnières coulissantes de la baie du séjour.

Baie du séjour
Sur près de 5 m de long, la grande baie se replie entièrement.

Enveloppe (suite)

Toiture végétale

Couvrir de terre le toit d'une construction légère en bois est inhabituel et pouvait sembler inapproprié, voire paradoxal. Cette couverture de terre et de végétation augmente l'inertie thermique de la construction, améliore son isolation phonique et, même en épaisseur réduite, constitue une couche écologique protectrice, qui favorise la biodiversité.

Pour ces divers avantages, cette solution a la faveur des défenseurs de l'environnement, sans oublier l'aspect « naturel » que présente une telle toiture dans le paysage et l'intérêt esthétique de ses variations suivant les saisons.

Parmi les différents types de toitures végétalisées, l'architecte a opté pour une solution compacte, dite « extensive », avec une épaisseur de substrat de 8 à 15 cm et un poids de 60 à 150 kg/m^2. Il a fait varier l'épaisseur suivant la pente du toit et la portée de la structure. C'est sur le séjour que le substrat est le plus mince. Une véritable toiture jardin accessible, accueillant une végétalisation intensive, aurait nécessité une structure porteuse différente, un autre projet architectural, plus pertinent en milieu urbain.

Cette épaisseur limitée ne permet pas de planter arbustes et légumes, comme on peut le faire sur des toitures jardins, mais seulement des couvre-sols, des mousses, des sedums et des végétaux rustiques, qui constituent la couche écologique protectrice. Les sedums sont des plantes de rocaille qui stockent l'eau dans leurs feuilles. À défaut d'arrosage, le substrat doit intégrer jusqu'à 70 % d'agrégats poreux pour retenir l'humidité. La faible pente du toit impose une couche drainante efficace pour éviter la stagnation de l'eau.

Prairie perchée
Sur le toit, l'édicule supérieur semble émerger de la prairie comme la tourelle d'un sous-marin sort de l'eau.

Mise en œuvre de la toiture végétale
Après mise en place des protections autour des évacuations des eaux pluviales, au bas des pentes, un matelas drainant constitué de gros graviers est disposé régulièrement sur l'étanchéité, protégé par une couche antiracinaire avant l'apport du substrat de terre végétale qui portera la végétation.

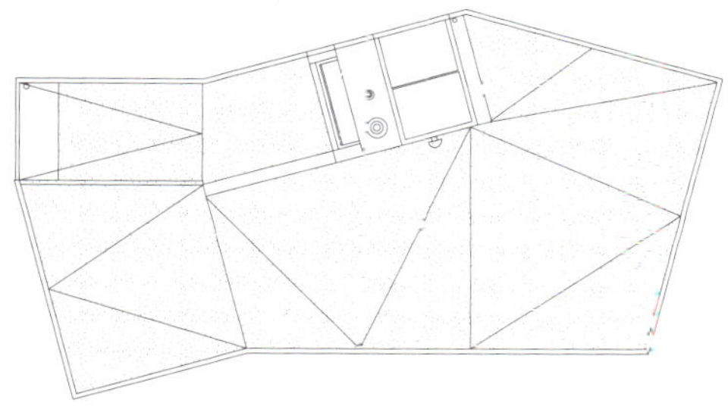

Plan de toiture
La toiture végétale est scindée en zones de hauteurs et de pentes différentes.

Détail de la toiture végétale
Fixés à la structure **(1)**, les panneaux d'OSB **(2)** sont revêtus d'une membrane d'étanchéité PVC **(3)** sur laquelle sont disposés les graviers **(4)**. Un film géotextile **(5)** vient couvrir cette couche drainante pour éviter les infiltrations de terre et de racines de pelouse **(6)**. En terrasse haute, en limite de la toiture végétale mince, une tôle collée à l'étanchéité arrête le complexe de substrat et sedums **(7)**. Du côté du bardage de la façade **(8)**, une tôle colaminée coiffe les bois de bout **(9)**.

Aménagement

Pièces d'eau

Un même matériau, le panneau d'épicéa est utilisé pour le parement intérieur et pour les aménagements et rangements. Dans la cuisine et la salle de bains, sols, murs, plafonds et mobiliers fusionnent. Le ton clair de l'épicéa, sa teinte et sa finition cirée ou vernie satinée donnent à l'ensemble une tonalité gaie et moderne, qui contraste avec la brutalité du mélèze gris des façades.

Après l'entrée, dans la bande servante de 2 m de large, cuisine et salle de bains se succèdent, partageant le bénéfice du puits de lumière en toiture. Une simple paroi les sépare, mince et translucide, en panneaux de polycarbonate, seulement interrompue par un bloc de rangement à mi-hauteur.

La cuisine dispose d'une généreuse ouverture en toiture : la grande fenêtre de toit de 1,34 × 1,40 m, tandis que la salle de bains n'en reçoit que la lumière indirecte, diffusée par le panneau translucide. Par le jeu des différences de niveaux, la salle de bains, surélevée comme la chambre, dispose d'un faux plancher dans lequel s'encastre la baignoire. Un panneau de bois perforé la recouvre partiellement et permet de l'utiliser comme douche.

Dans la cuisine comme dans la salle d'eau, le mobilier fonctionnel est, sauf exception, suspendu au plafond ou aux murs, simplifiant l'usage et l'entretien. Tout l'aménagement est réalisé dans le même matériau que le parement mural : 270 m^2 de panneaux « 3pli » d'épicéa.

Le panneau 3pli, de Ravier, est composé, comme son nom l'indique, de trois plis de bois massif de même épaisseur (généralement 7 mm). Le sens du fil du pli central est croisé à 90° par rapport à celui du fil des plis extérieurs. Le panneau acquiert ainsi une stabilité dimensionnelle supérieure à celle d'un panneau massif classique. Les lames sont collées latéralement entre elles par une colle vinylique durcie à haute fréquence. Elles ne sont pas aboutées, y compris dans le pli intérieur. Les plis sont collés à froid par une colle urée au formol de type D3. Les panneaux 3pli sont proposés en différentes essences : chêne, merisier, noyer, sycomore, etc.

Aménagements de cuisine
Comme en lévitation, les caissons de rangement qui séparent cuisine et séjour sont suspendus au mur et au plafond, sans interrompre la continuité du sol, ni réellement délimiter une pièce.

Mobilier maison
Tous les rangements ont été réalisés sur mesure en 3pli de 16 mm en vertical et de 21 mm en horizontal. Seul un plateau plus épais est rapporté pour constituer un plan de travail.

Coupe sur cuisine et salle de bains
Sous le puits de lumière, les pièces d'eau se partagent éclairage et ventilation, de part et d'autre d'une cloison translucide.

Salle de bains
Meuble lavabo et W.-C. sont suspendus, tandis que la baignoire s'encastre dans le sol. La salle de bains est au niveau de la chambre, dont elle est à peine isolée par un rideau.

Coin douche sur baignoire
Au niveau du sol de la salle de bains, un panneau perforé se pose sur la baignoire encastrée pour la transformer en douche.

Aménagement (suite)

Dressing

La face ouest de la chambre est occupée par un double dressing accessible de part et d'autre du lit. Un vide ménagé sous l'espace de rangement permet d'escamoter partiellement le lit pour libérer le sol de la chambre de deux mètres carrés appréciables. Lorsque le grand rideau séparatif est ouvert et que la chambre temporaire est réintégrée au séjour, le lit peut ainsi être transformé en banquette.

En épicéa clair, comme les autres parois, l'aménagement de la face ouest est réalisé avec précision. L'ensemble homogène ne laisse pas voir ses portes et n'apparaît pas comme un placard. Obligeant à se baisser pour entrer dans le dressing, une étagère de livres ménagée au ras du plafond, sur toute la longueur des rangements, allège la jonction des parties verticales et horizontales.

Transformisme
Le lit se glisse dans le volume des rangements pour prendre la forme d'une banquette.

Atmosphère

L'ambiance particulière, légère et gaie, qui règne à l'intérieur de cette maison doit beaucoup à la rigueur de sa conception. Les efforts déployés pour masquer l'importance de la structure, pour dissimuler l'ensemble des équipements techniques, des réseaux et des installations électriques permettent de libérer l'espace, de lui donner une apparente ampleur, d'en simplifier la lecture et l'usage. Le mobilier est rare ou intégré aux murs. Tout, des parois claires et dépouillées jusqu'aux vastes baies vitrées, tendues d'un mur à l'autre et du sol au plafond sans encadrement, semble faire abstraction des contingences pratiques pour conduire le regard vers les tableaux choisis découpés dans le paysage environnant.

Fiche technique

Architecte : Michaël Osswald, G. Studio (Strasbourg)
Localisation : Hultehouse (Moselle)
Surface : 84 m^2 habitables
Coût des travaux : 79 000 € TTC ; sans autoconstruction, on peut estimer le coût réel des travaux à 200 000 € TTC hors honoraires d'architectes.
Coût détaillé (en euros TTC)
- Fondations : 4 000
- Structure : 20 000
- Isolation : 5 000
- Étanchéité : 13 000
- Menuiseries extérieures : 11 000
- Bardage : 4 000
- Poêle : 4 000
- Panneaux solaires : 6 000
- Électricité, sanitaires : 6 000
- Finitions intérieures : 6 000

Durée des études : 4 mois
Durée des travaux : 1 an (125 jours de travail réel)
Achèvement des travaux : 2005

Matériaux et produits utilisés :
- Structure : poutres et solives en bois d'épicéa
- Parement de façade en bardage de mélèze
- Isolation en cellulose insufflée et projetée
- Sols : chape béton avec huile de lin et panneaux de 3pli d'épicéa (chambres)
- Étanchéité de toiture : membrane PVC
- Menuiseries extérieures : bois de mélèze et lamellé-collé
- Finitions intérieures et mobilier : panneaux de 3pli d'épicéa ciré pour la chambre
- Chauffage : poêle à bois Stûv 30 et résistance électrique intégrée dans le sol
- Eau chaude sanitaire : chauffe-eau solaire

Entreprises :
- Charpente et fondations : Hopfner (67, Thal-Marmoutier)
- Étanchéité : Giessler (67, Saverne)
- Isolation : Isoleco (88, Saint-Dié)
- Menuiseries extérieures : Bader (68, Helfrantzkirch)
- Chauffe-eau solaire : A. Wehrung (57, Hengwiller)

Construction d'une villa contemporaine en Provence

Néo-provençal

Murs de bois, toits de zinc, sous le soleil de la Méditerranée, une maison de vacances érige sa différence au nez de ses voisines. Les aspirations complexes des clients et les inspirations des architectes ont convergé vers un projet original, a priori déroutant pour les entreprises locales, finalement mis en œuvre par une équipe de charpentiers de talent, comme il en existe aussi en Provence.

Histoire d'une maison

Cap au sud

« L'histoire de la villa Simone est plutôt une aventure, disent ses propriétaires. Le projet de construire dans le sud de la France une maison contemporaine en bois, inspirée de l'architecture danoise par des Français vivant à Copenhague, assistés par des architectes parisiens, était en soi une idée folle. Après trois ans de lutte et beaucoup de hauts et de bas, la maison est là, réussie. Pas seulement une maison, mais une expérience en elle-même, un lieu de rencontre où la convivialité et l'amitié se retrouvent spontanément. »

Françoise et Gilles D. vivaient au Danemark lorsqu'ils ont décidé de construire une maison de vacances à Cassis, où Gilles a grandi. Coïncidence heureuse, c'est un endroit magnifique, où chacun peut rêver de passer l'été.

« Cassis, la mer, la pierre, le vin », énonce l'office du tourisme, vantant la beauté de sa rade, qui s'étire du cap Canaille – la plus haute falaise d'Europe – jusqu'à Marseille, quelques calanques plus au nord, mais faisant aussi allusion à ses carrières de belle pierre blanche et surtout à son fameux vin, blanc également.

Dans cette région qu'ils connaissent bien, ces maîtres d'ouvrage éclairés n'avaient nul besoin de référence à l'architecture provençale pour nourrir une quelconque nostalgie. Ils déploraient au contraire l'impact dans le paysage des innombrables lotissements de maisons conformes au « style » du pays.

Bravant les savoir-faire locaux et les difficultés administratives, ils optèrent pour une architecture sobre, sensible, en réel rapport avec le climat local et le mode de vie actuel, préférant le pont de bois à la terrasse à balustres. Enfin, ils osèrent confier à de jeunes architectes inconnus ce projet qui leur tenait à cœur et commander une maison en bois à une entreprise provençale.

Aujourd'hui, ils ne tarissent pas d'enthousiasme pour cette maison qui leur a coûté trois ans d'efforts… et plus cher que prévu.

Nouvelle vague
Il n'est pas toujours facile de créer un nouveau lieu pour sa famille, même si la jeune génération adopte volontiers l'architecture contemporaine.

Confrontation
Les maisons du voisinage sont toutes construites en maçonnerie traditionnelle.

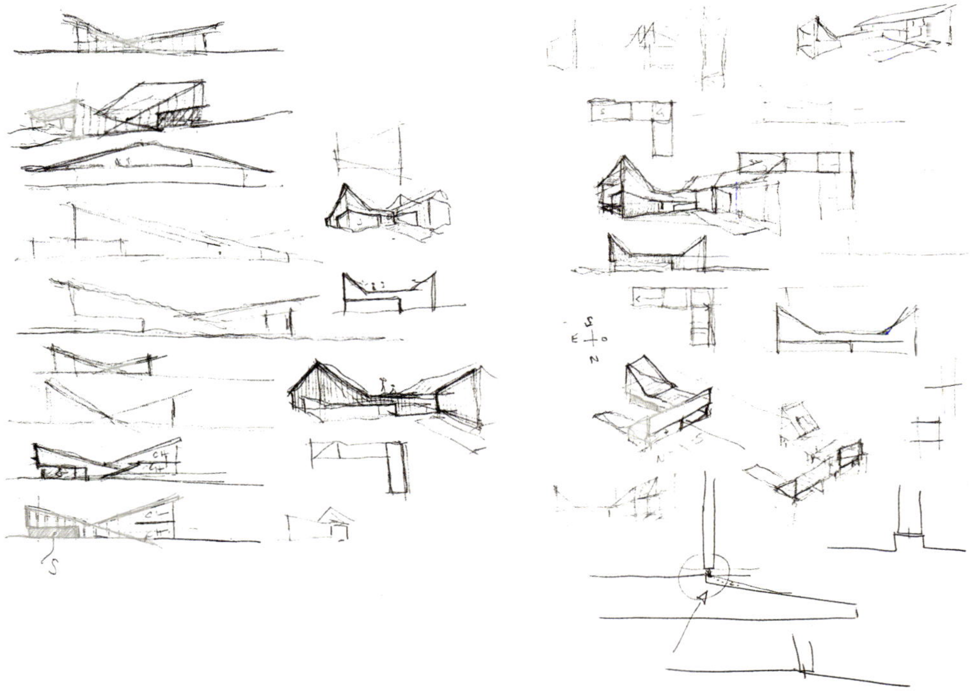

Carnet de croquis
Dès les premières esquisses apparaît cette silhouette caractéristique marquée par le toit aux angles relevés.

Farniente
Le projet tient ses promesses : la terrasse supérieure permet de profiter au mieux du coucher du soleil.

Programme

Port d'attache

Comme tous les expatriés, ils voulaient un pied-à-terre, un ancrage et, après tous ces déménagements, enfin une maison faite pour eux, pour les vacances, en attendant le retour au pays. À la fois pour vivre intensément les moments privilégiés de la trêve estivale et des loisirs d'été, des regroupements familiaux et des amis retrouvés, et pour espérer y habiter plus tard, à l'écart de la ville et à l'abri du stress.

Leur niveau d'exigence élevé était consigné dans un véritable document programme envoyé aux architectes, avec croquis et photos diverses, du site du projet, mais aussi d'autres maisons, de détails et d'ambiances qui leur servaient de références.

Séduits, à la lecture d'un magazine par une intéressante maison en bois que venait de terminer l'agence KOZ à Soulac, en Gironde, ils trouvèrent plus simple de convier les architectes au Danemark pour leur faire partager quelques jours de leur mode de vie, avec leurs deux grands fils, leur montrer les maisons en bois d'amis ou d'inconnus, et leur faire visiter l'exposition Arne Jacobsen.

Clients et architectes sont vite tombés d'accord sur l'essentiel et ont convenu dès leur première rencontre de quelques principes qui guideraient le projet : tirer le meilleur parti du site et du climat, favoriser le plaisir de vivre ensemble et de recevoir des amis à l'intérieur comme à l'extérieur, allier rigueur, simplicité de construction et facilité d'usage et d'entretien.

Le terrain, près de la gare de Cassis, est en pente légère vers le sud-est et couvre 1 000 m². Il permet de bâtir 200 m², mais il n'en sera réalisé que 180. Un grand séjour avec cuisine ouverte, quatre chambres, leurs sanitaires et un petit bureau trouveront largement place dans cette surface. Pour l'instant au moins, ils ne feront pas de piscine. Ils s'en passent volontiers, la mer est si proche ! Et puis ils savent aussi les soucis et l'entretien que cela nécessite.

Collectionneur de voitures anciennes, Gilles n'a pas renoncé à la construction du garage-pavillon d'amis qui devrait bientôt compléter la maison en donnant à son plan une forme en L.

L'architecte

KOZ architectes a été fondé en 1999 par **Christophe Ouhayoun** (né en 1965) et Nicolas Ziesel (né en 1966), après un cursus à l'école d'architecture de Paris-Belleville et des responsabilités de chef de projet dans des agences parisiennes réputées. En 2000, ils créent le collectif Plan01 avec les agences Atelier du Pont, BP Architectures et Philéas. Parallèlement à la construction de bâtiments publics et par goût pour le matériau, ils réalisent plusieurs maisons en construction bois. Ces expériences sont aujourd'hui développées dans une démarche environnementale sur des projets de plus grande échelle : base nautique à Fréjus, dojo gymnase à Forges-les-Bains, logements collectifs à Paris. La maison de Cassis a été l'occasion de renouer avec Laurent Kerfridin – le K de KOZ, installé dans le sud-est – pour penser le concept initial de la maison.

Extension
Simulation du bâtiment complété par l'extension projetée : l'aile complémentaire achèvera de définir l'espace extérieur et de conforter son caractère privatif.

Références
Ci-contre, à droite, la première maison dessinée par les architectes, à Soulac. Et celle d'Hossegor, ci-dessus, postérieure au projet. Toutes ces maisons s'organisent autour d'un patio, mêlant le dedans au dehors.

Projet

Patio et ailes en retour

Dès leurs premières esquisses, les architectes ont cherché à construire les espaces extérieurs qui conviennent à l'utilisation estivale de la maison. Ils ont étudié plusieurs plans, en U ou en H, décomposant le dehors en espaces différenciés et « privatisables » et en autant de terrasses particulières, spécialisées, de pièces à ciel ouvert. Quant à la disposition des volumes bâtis qui les génèrent, on retrouve dans la réalisation finale les traces de l'idée de départ : deux pavillons reliés par une galerie.

Avec l'aile en retour contenant le garage – non encore réalisée –, ils cherchaient à construire une limite face à l'entrée, afin de renforcer le caractère privatif du jardin et de conforter l'orientation, l'impression d'une « échappée vers la mer », une fois cette limite franchie. Lorsque la construction sera complétée par cette adjonction, les terrasses ainsi que l'ensemble du jardin seront encore plus agréables, mieux protégés du vent et des regards.

La maison laisse aussi voir l'autre principe que les architectes mettaient en avant dans leur proposition initiale : le contraste entre des blocs « durs » et d'autres très ouverts. Même si c'est peu visible en façade, la maison est organisée en deux ailes de chambres se faisant face de part et d'autre d'un patio, reliées par le séjour transparent.

Au rez-de-chaussée, la chambre principale ouvre directement sur le patio. L'été, il est agréable de dormir toutes portes ouvertes sur un lieu protégé. Les vertus climatiques de ce dispositif sont bien connues des Méditerranéens. Par forte chaleur, l'air frais de la nuit, enfermé entre les murs, est restitué pendant les heures chaudes aux pièces qui l'entourent. En Catalogne, où ils vivent désormais, Françoise et Gilles en apprécient les vertus : « Le patio est une terrasse blottie au cœur de la maison, en toute intimité et sécurité. C'est aussi une grande tradition méditerranéenne revisitée dans un style contemporain. »

À l'étage, l'espace télé se loge facilement sous les combles. De la terrasse haute, très prisée, entre les toitures de zinc, on domine l'impressionnant panorama des collines au nord et de la mer au sud, à peine altéré par l'architecture affligeante de quelques maisons à balustres.

« Dès les premières indications données aux architectes, le toit-terrasse était un point clé de la maison, et il a atteint le niveau de nos attentes. » Observation des étoiles au télescope, mais aussi *farniente* et bain de soleil hors de vue sont au programme. Son usage vedette est devenu l'été dernier celui d'une chambre commune en plein air : « Une couette et la tête sous les étoiles, l'idéal pour faire de beaux rêves. »

Le toit est en zinc, léger pour ne pas nécessiter une imposante structure. Encadrant le corps central en terrasse, les deux ailes reçoivent chacune deux pentes convergentes vers une noue centrale qui suit la diagonale du rectangle couvert. L'ensemble donne à la maison une silhouette animée originale.

À l'intérieur, à l'est, l'escalier d'accès à la terrasse supérieure occasionne ce soulèvement. Au sud, c'est la partie la plus conviviale du séjour, la salle à manger, qui bénéficie de l'effet de volume du toit soulevé. Dans l'angle sud, ce « coin repas » est le fer de lance du séjour. Ouvrant sur la plus grande terrasse, il permet de s'attabler selon le temps, à l'est, au sud ou à l'ouest.

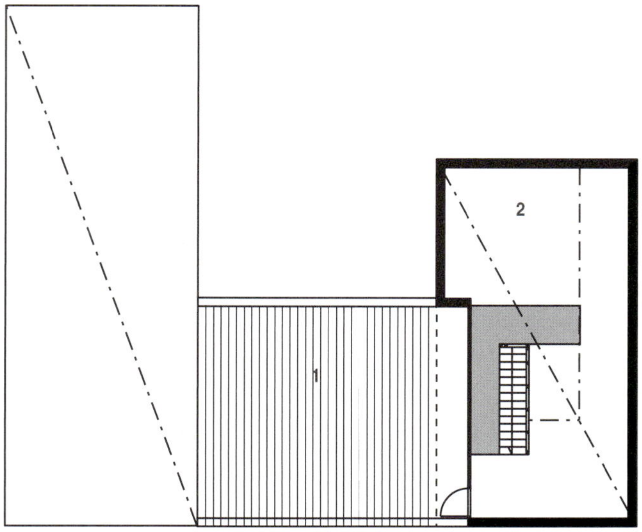

Combles
1. Terrasse supérieure
2. Coin vidéo sous combles

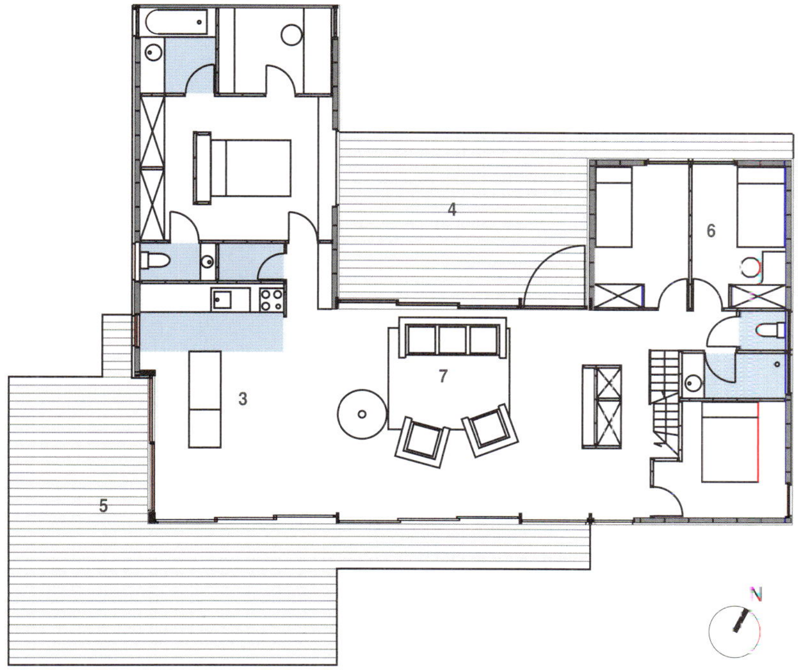

Rez-de-chaussée
3. Cuisine-repas
4. Patio
5. Terrasse sud
6. Chambres
7. Séjour

Plan de masse

Avant-projet
Documents d'étude, images de synthèse du projet dans le site

Portfolio

Carte postale

Sur les hauteurs dominant la mer, une maison de vacances s'inscrit dans un paysage en mutation, un terroir agricole peu à peu criblé de villas. Dès le projet, les architectes expliquent le choix du bois : « Le parti pris d'une maison en bois permet d'offrir une image qui n'est pas urbaine et qui correspond à notre volonté de respecter le caractère du paysage agricole encore présent. » Cette approche douce d'un mode de vie contemporain dans la campagne de Cassis était l'aspiration essentielle des propriétaires.

Culture hors sol
Parmi les « maisons de maçons », cette construction bois trouve une assise particulière, avec sa terrasse périphérique, plate-forme légèrement surélevée au-dessus du jardin.

Toit de bois, toit de zinc
De la terrasse supérieure, les toits de zinc offrent un avant-plan inattendu au paysage de la baie de Cassis et à celui, au nord, des collines calcaires.

Patio de l'ombre
Le patio nord construit un autre dehors, plus abrité, plus intime, au microclimat appréciable par temps de canicule.

Terrasse du soir
À l'arrière de la maison, se cache derrière le patio le jardin privé des chambres. Sécurisé comme un cloître, on peut y dormir toutes fenêtres ouvertes.

Nuit américaine
Au contact de la cuisine, la terrasse est parfaite pour les dîners d'été et les soirées barbecue : cent mètres carrés qui font partie du séjour et doublent sa surface intérieure.

Séjour ouvert
Selon le temps et l'heure, le grand séjour s'ouvre largement sur les terrasses de trois côtés. Aux heures chaudes de l'été, il se tourne vers le patio, au nord.

Salon en enfilade
La charpente apparente et les volumes différents qu'elle dessine distinguent l'espace repas de l'espace séjour, qui le prolonge.

Galerie
Les grands châssis coulissants ouvrent le séjour sur la galerie sud, protégée par un brise-soleil horizontal, constitué de lames de mélèze obliques.

Cahier technique

Construction composite

Cette réalisation témoigne des riches possibilités offertes par les mises en œuvre modernes de ce matériau polyvalent qu'est le bois. Elle montre aussi qu'à l'échelle d'une maison individuelle l'association de techniques différentes n'est pas aberrante. Derrière l'homogénéité apparente se cachent des modes opératoires contrastés, des logiques constructives opposées. L'équipe de charpentiers, avec son savoir-faire, ses moyens et ses outils, a relevé tous ces défis.

Sur le plan technique, l'usage du bois permet l'assemblage d'éléments apparemment incompatibles pour constituer un ensemble cohérent et compact. Dans cette maison, l'enveloppe extérieure unifie des constructions différentes, en réponse aux aspirations contradictoires des clients et des architectes d'une villa de vacances d'aujourd'hui, où doivent coexister des espaces de vie commune et de réception avec des lieux privés, favorisant l'isolement et l'intimité.

Les deux ailes de chambres, réunissant des espaces plutôt traditionnels, encloisonnés par des murs percés de fenêtres, sous une toiture pentue, semblent encadrer un grand séjour libre de toute structure, entièrement vitré et couvert d'un toit-terrasse. Les portées de ce dernier sont plus grandes, les pièces de bois sont de section supérieure, et le procédé constructif n'est pas le même.

Le volume du séjour s'imbrique en réalité dans l'extrémité de l'aile ouest et en occasionne l'ouverture totale, en angle, grâce à une structure hybride mêlant murs et poteaux. La construction bois et ses artisans apportent leurs solutions techniques pour résoudre les contradictions du programme et du projet.

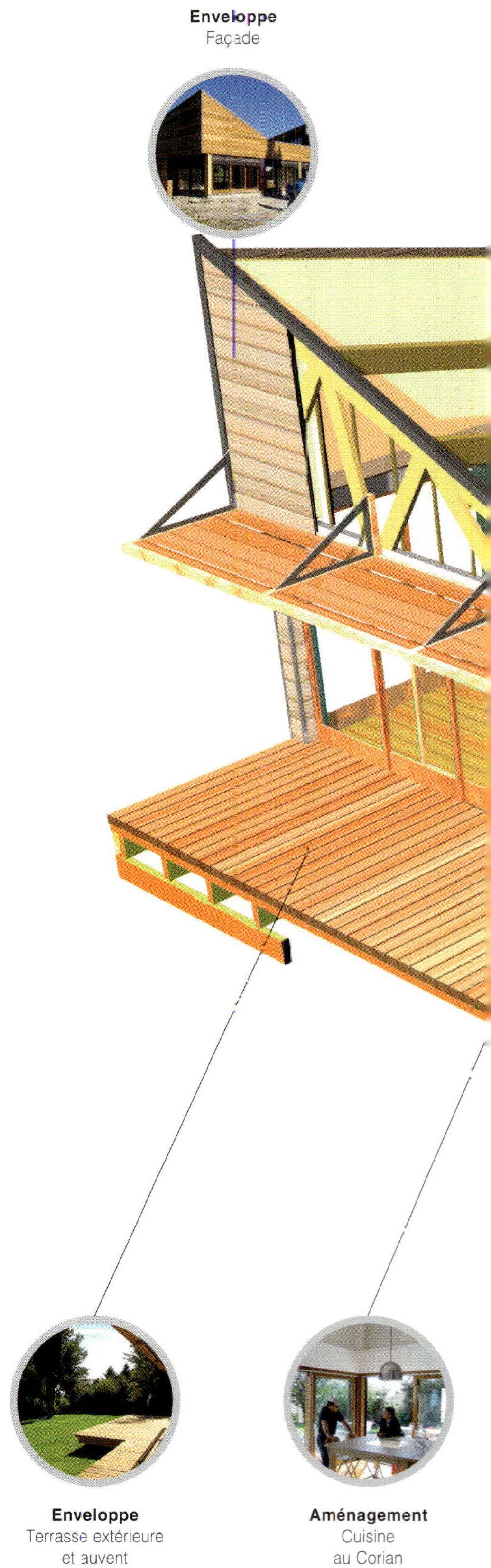

Enveloppe
Toiture zinc et
toit-terrasse
Structure
Ossature bois
Structure
Fondations, plate-forme
Aménagement
Cheminée
centrale

Structure

Fondations, plate-forme

L'ossature bois est érigée sur un premier plancher de béton armé intégrant le réseau de chauffage par le sol. Ce « sol artificiel » est lui-même solidement fondé dans le terrain, formant une assise en béton étanche et isolée. La stabilité et la pérennité de la construction légère sont assurées, tout en prévenant les remontées d'humidité dans les murs. Les fondations assurent la répartition des efforts verticaux, liés au poids propre de la construction et aux surcharges qui peuvent s'y ajouter, et horizontaux, dus aux effets du vent.

L'édification a commencé comme toujours par une excavation. Une cave a été réalisée sous l'aile des chambres, à l'est. Des fondations superficielles en semelles filantes (voir schéma) sont venues compléter l'assise d'un plancher classique sur vide sanitaire, réalisé en béton armé coulé sur un ensemble de poutrelles et hourdis préfabriqués. Une étanchéité et un drainage périphérique empêchent les eaux de ruissellement d'infiltrer le soubassement.

Les ouvrages de maçonnerie destinés à recevoir l'ossature bois ont demandé une vigilance particulière. Pour une bonne adéquation de la plate-forme béton à la superstructure bois, il a fallu respecter des tolérances dimensionnelles et de planéité précises. Les irrégularités éventuelles devaient être rattrapées par des cales afin d'assurer un contact parfait de la lisse basse d'assise portant l'ossature bois.

Solidement ancrée au béton, cette lisse assure, à la base des murs de bois, la transmission des efforts à la maçonnerie et joue un rôle essentiel pour l'étanchéité à l'air et à l'eau. Afin de satisfaire à cette dernière contrainte, un feutre bitumé a été interposé, prévenant tout risque de remontée d'humidité. Relevé le long de l'ossature, côté intérieur, il protège en outre le mur de bois de l'humidité intérieure provenant, par exemple, du nettoyage des sols.

Une hauteur minimale de 20 cm a été respectée entre les pièces de bois et le sol extérieur pour une mise hors d'eau efficace de la structure bois.

Transition
L'ancrage au sol de l'ossature bois est réalisé par l'intermédiaire de la plate-forme de béton.

Terrassement et construction des infrastructures
L'excavation effectuée dans le terrain permet de réaliser une cave et l'ensemble des fondations de la dalle de béton armé qui sert d'assise à la construction bois et en constitue le plancher inférieur. Ce dernier qui contient les conduites de chauffage par le sol, intègre les passages de réseau et comporte des fourreaux en attente.

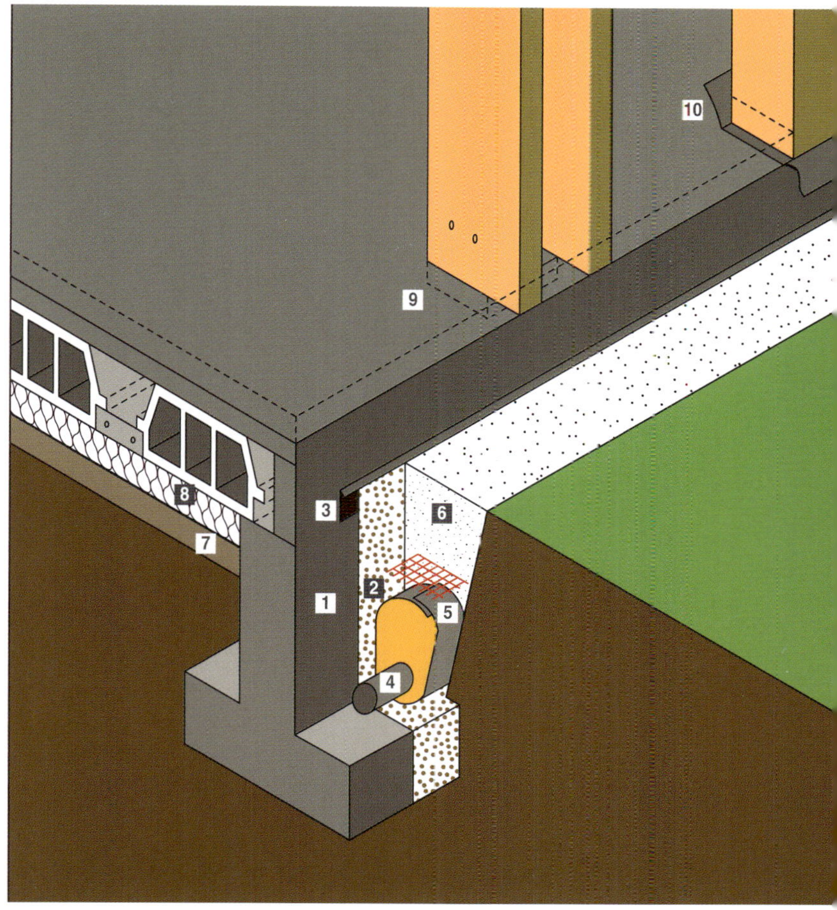

Semelle filante et drain périphérique
Coulée sur un béton de propreté, la semelle filante donne assise à un soubassement en aggloméré de béton de 20 cm **(1)**. Le plancher préfabriqué, formé d'une dalle de compression coulée sur des poutrelles et hourdis, repose sur ce muret. Épousant les contours de la semelle, l'imperméabilisation bitumée, complétée d'un écran d'étanchéité **(2)**, est coiffée d'un profil en aluminium **(3)** destiné à protéger des pénétrations de terre. Le drain **(4)**, constitué d'un tuyau percé en partie supérieure pour le drainage des eaux de ruissellement et recouvert de gros cailloux, est enveloppé d'un filtre anticontaminant en feutre géotextile **(5)** et recouvert de graviers drainants **(6)**. Les différences de températures entre le vide sanitaire **(7)** et l'intérieur de la maison sont atténuées par un isolant **(8)**. Un sabot métallique d'ancrage **(9)** est disposé sous chaque poteau bois. La coupure de capillarité des parois à ossature bois est assurée par un feutre bitumineux **(10)**.

Structure (suite)

Ossature bois

La structure de cette maison associe deux principes constructifs opposés, celui des murs porteurs et celui des poteaux-poutres.

Dans les deux ailes de chambres, l'ossature bois est constituée des murs porteurs périphériques formant les façades. Les murs de bois sont constitués de petits éléments, montants verticaux de la hauteur d'un étage, disposés tous les 60 cm entre une lisse haute et une lisse basse. Ils sont associés à un voile en OSB, qui rigidifie l'ensemble du panneau. S'élevant du socle de béton, un unique mur de maçonnerie de parpaings contrevente au nord la structure bois.

Pour l'espace largement ouvert du séjour, l'ossature est constituée de poteaux et poutres de lamellé-collé de forte section, disposés suivant une trame régulière de 4,60 m. Le système poteaux-poutres permet une plus grande souplesse du plan et autorise l'ouverture totale du séjour sur les terrasses extérieures du nord et du sud. L'étage supérieur de la structure, en imposte au-dessus des baies, est en mur de bois à l'ouest, tandis qu'au sud une ferme triangulée porte le soulèvement du plan de toiture.

Un plancher intermédiaire décompose l'aile est en deux niveaux. Le niveau supérieur, en combles, fait office d'espace de jeu et de coin télé et donne accès à la terrasse haute. Dans l'aile ouest, la chambre principale et la zone repas du séjour laissent voir la sous-face du toit à deux pentes inversées. Elles bénéficient ainsi d'un volume accru, de forme originale. Au contraire, les pièces humides et de service sont couvertes d'un plafond horizontal à une hauteur plus habituelle de 2,50 m.

Superposition
Enfoncée dans le pan de mur à ossature bois de la façade ouest, la baie du séjour bénéficie de l'ombre portée de son imposte en saillie.

Construction du gros œuvre
De gauche à droite et de haut en bas : l'angle sud, l'ensemble du séjour, l'aile ouest à deux niveaux, le plancher intermédiaire de l'espace télé sous combles, l'aile sud-est vue du séjour et l'angle du coin repas.

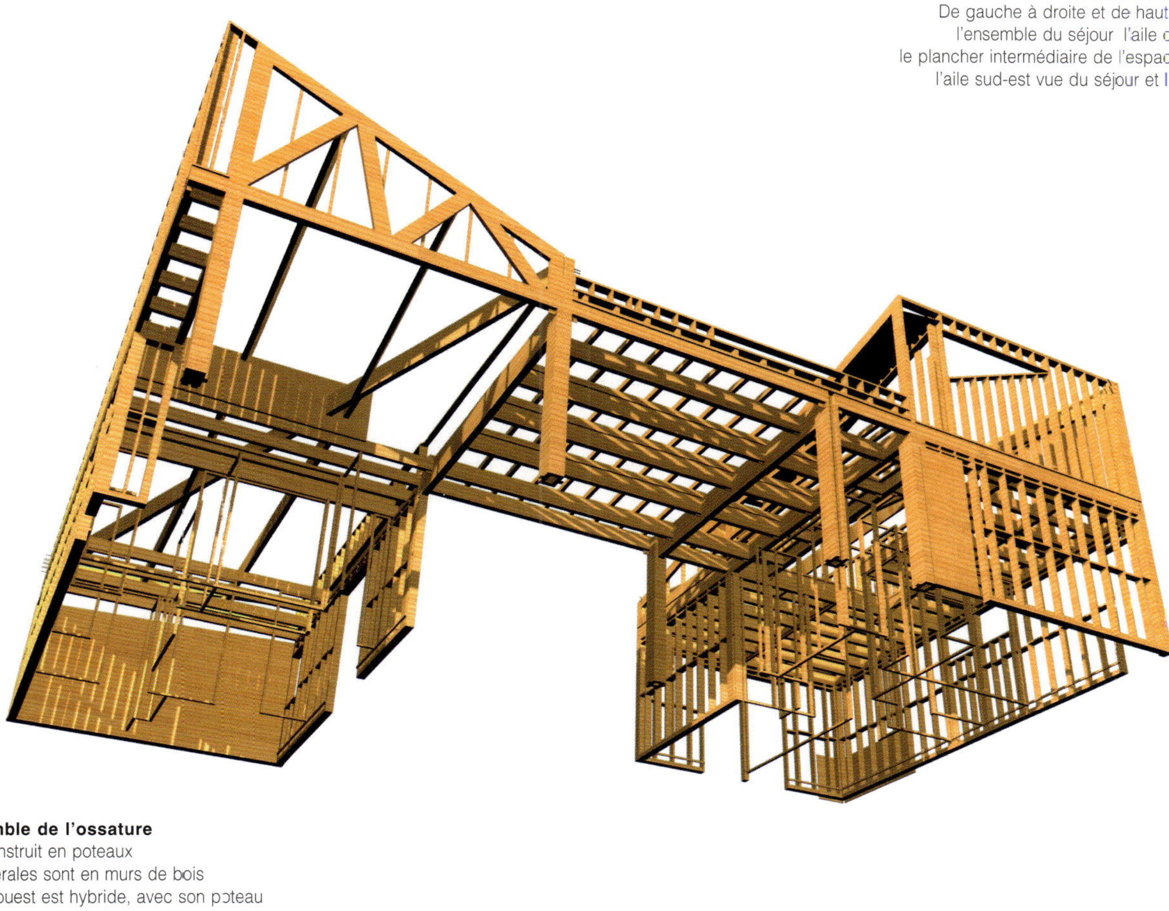

Perspective d'ensemble de l'ossature
Le corps central est construit en poteaux et poutres, les ailes latérales sont en murs de bois tandis que l'angle sud-ouest est hybride, avec son poteau d'angle sous une imposte en mur de bois.

Enveloppe

Façades

Exposées aux excès du climat méditerranéen, les façades de bois doivent, plus qu'ailleurs, respecter les règles de l'art. Chaleur du soleil, violence et soudaineté des pluies, salinité de l'air altèrent les matériaux et en réduisent la durée de vie. Une mise en œuvre orthodoxe associée aux nouvelles techniques et aux nouveaux matériaux peut protéger efficacement des intempéries, améliorer le confort et l'usage, réduire l'entretien et permettre de maîtriser la patine du bois.

Dans cette maison, le bois est omniprésent, peut-être à l'excès. Françoise et Gilles voulaient une maison grise avec des menuiseries blanches, comme on en voit beaucoup en Scandinavie. Par erreur, les menuiseries sont arrivées traitées, et ils ont dû les accepter, sans quoi le surcoût aurait été excessif.

Le bardage de lattes de cèdre rouge est posé en clins. La pose doit faciliter le drainage de l'eau de pluie et permettre une bonne ventilation de la sous-face.

Les bavettes métalliques qui protègent les têtes de murs réduisent les traces de coulure et facilitent l'évacuation de l'air permise par le jeu des liteaux. Elles sont façonnées en tôle de zinc. L'usage du zinc n'est pas limité à la couverture. Certaines pièces de finition, habituellement réalisées en profils PVC du commerce, sont ici en tôle de zinc, matériau qui apparaît en divers points des façades. Les rives de toitures sont en zinc, comme l'ensemble des arêtes du bâtiment. Les angles de la construction sont protégés par des profils de zinc, et le larmier protégeant des eaux pluviales la menuiserie haute de chaque fenêtre, généralement en alu laqué, est aussi en zinc.

Mieux qu'un barreaudage, aussi résistant qu'une grille de défense en fer, une grille de bois constituée de lattes horizontales fixes protège les fenêtres des intrus comme des rayons du soleil. Le rythme de ses lames suit celui du bardage.

Façades bicolores
Le zinc, dont le ton gris clair caractérise la toiture, apparaît aussi en divers points des façades, comme les arêtes d'angles du bâtiment, contrastant avec le ton du bois.

Pose du bardage
La mise en œuvre du bardage en cèdre rouge est simple et classique.

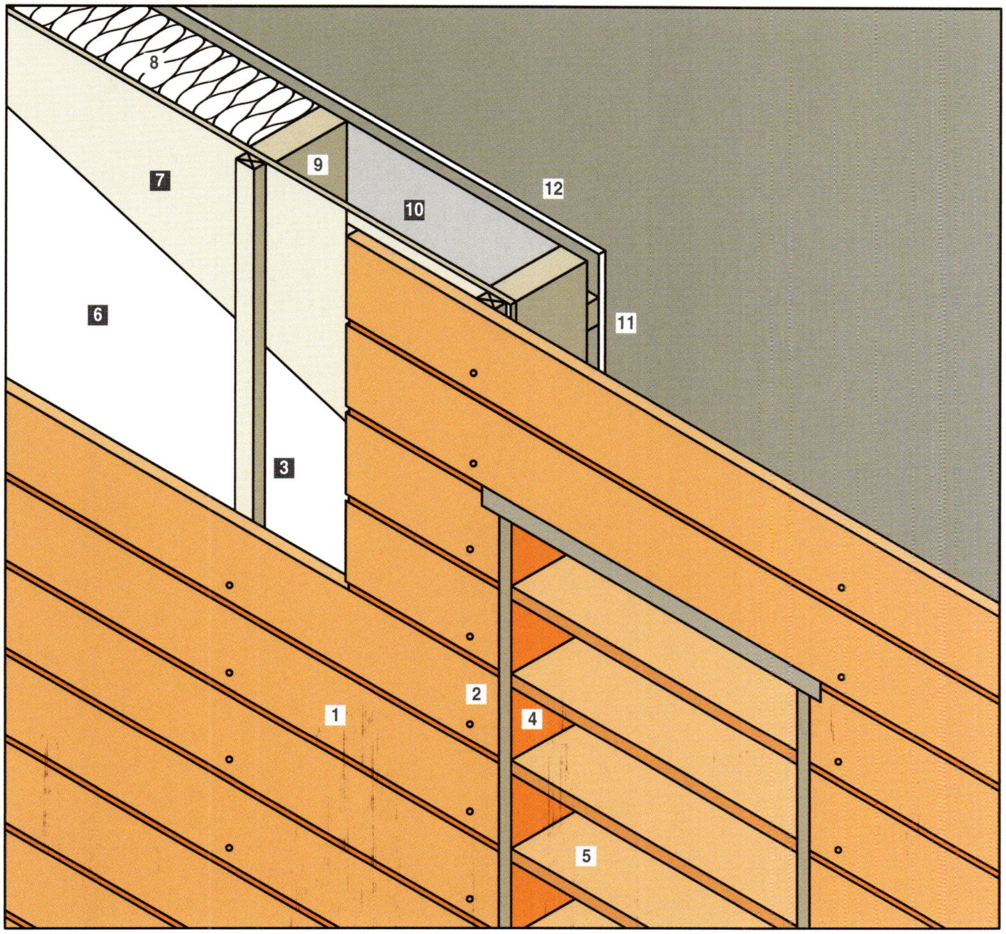

Détail coupe sur façade
Les lames de bardage en bois massif de cèdre rouge, de type Silverwood profil Saint-Louis n° 4 **(1)** fixées par vis inox **(2)** sur des tasseaux verticaux **(3)** sont arrêtées au niveau de la baie par une tapée en bois **(4)**. Prolongeant les joints de façade, les lattes horizontales **(5)** dessinent un brise-soleil fixe assimilable à une grille. Un film pare-pluie **(6)** est disposé devant le voile travaillant **(7)** en OSB de 9 mm d'épaisseur. L'isolant en laine minérale **(8)** est disposé entre les montants en bois massif d'ossature de 45 × 120 mm **(9)** et couvert d'un film pare-vapeur **(10)** appliqué sous les traverses **(11)** qui portent les plaques de plâtre **(12)**.

Grilles de bois
Une grille fixe remplace avantageusement un volet difficile d'accès. En bois, elle sert aussi de brise-soleil et de brise-vue.

Enveloppe (suite)

Toiture zinc et toit-terrasse

Les toits de cette maison lui donnent une allure originale, prenant part à son identité. Couvrant les deux corps latéraux, les toitures inclinées sont en zinc. La partie centrale est traitée en terrasse accessible, couverte d'un platelage.

Meilleur ami du bois, le zinc assure l'étanchéité des toitures pour une surcharge limitée. La relative légèreté d'une couverture en zinc, de l'ordre de 7 kg/m^2, ne nécessite pas une charpente imposante, à la différence d'une toiture tuile. Rien d'étonnant à ce que les constructions contemporaines en bois remettent ce matériau traditionnel au goût du jour.

Le produit utilisé ici est du zinc prépatiné gris velours. Il s'agit en réalité d'un alliage de zinc pur, de cuivre et de titane. Le cuivre augmente sa solidité et le titane améliore sa résistance au fluage, c'est-à-dire à la déformation plastique. Les plaques de zinc sont assemblées selon la technique dite à joint debout, plus moderne et plus simple que les tasseaux traditionnels.

La terrasse intégrée aux toitures est revêtue d'un platelage bois disposé sur des plots réglables, en PVC, du même type que ceux que l'on utilise pour poser les ouvrages en maçonnerie. Les avantages de la terrasse sur plots sont nombreux : l'écoulement des eaux pluviales est assuré dans l'espace libre que ménage la hauteur des plots ; le relevé d'étanchéité réglementaire est plus facilement masqué par cette disposition ; le traitement des seuils est simplifié, et l'on peut parvenir à une continuité de niveau entre l'intérieur et l'extérieur ; enfin, les chocs thermiques et les effets de l'ensoleillement sur la dalle sont sensiblement atténués par la paroi parfaitement ventilée que constitue le plancher supérieur.

Toit de zinc
La noue qui parcourt la diagonale du toit recueille les eaux pluviales des deux plans de couverture triangulaires.

Terrasse bois
Sur l'isolation thermique, l'étanchéité multicouche soudée et les relevés périphériques disparaîtront sous le platelage bois, posé sur plots. Seule la couvertine en zinc de l'acrotère protégeant la tête du mur restera visible.

Détail terrasse supérieure
Des solives de 45 × 220 mm servent à la structure de la terrasse **(1)**. Elles supportent un panneau d'OSB de 22 mm **(2)**, recouvert d'un pare-vapeur **(3)**, d'un isolant thermique haute densité **(4)**, d'une étanchéité en membrane PVC **(5)** complétée par des relevés d'étanchéité **(7)**. Sur des plots en polypropylène réglables **(6)** vient se poser un caillebotis de lattes de 22 × 93 mm **(8)**. Une couvertine zinc **(9)** recouvre l'acrotère en bois **(10)**. La toiture en zinc à joint debout **(11)** est terminée par un bandeau de rive, en zinc également **(12)**, et isolée thermiquement en sous-face **(13)**. Un garde-corps en tubes d'acier galvanisé et câbles inox assure la sécurité de la terrasse **(14)**.

Esthétique zinc
La toiture en zinc prépatiné gris et les reliefs réguliers mais discrets de l'assemblage à joint debout entretiennent un dialogue subtil avec les terrasses bois.

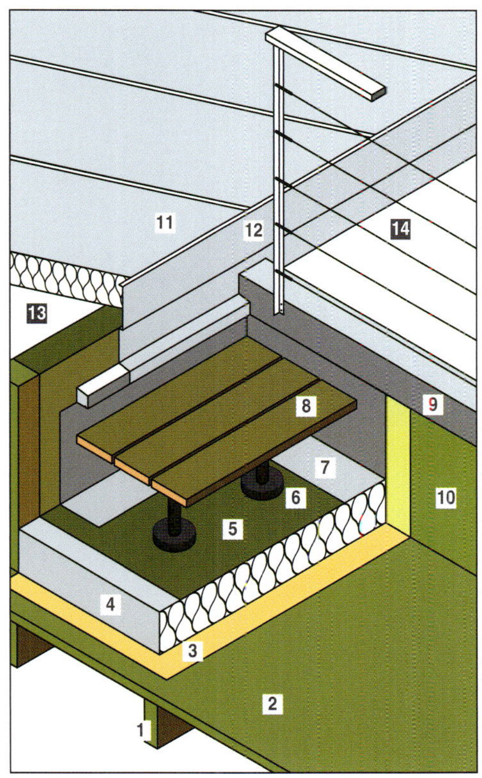

Enveloppe (suite)

Terrasse extérieure et auvent

Terrasse de l'angle sud
Dans le prolongement direct de la cuisine, la terrasse s'élargit pour permettre les repas à l'extérieur.

La construction ne s'arrête pas au pied du mur. C'est encore plus évident pour une maison de vacances sous le climat méditerranéen. Le mode de vie l'impose : le seuil doit donner lieu à une transition physique et psychologique.

L'achèvement du programme par la construction de l'aile complémentaire donnera lieu à de nouveaux espaces extérieurs protégés, mais en attendant, une terrasse en bois prolonge naturellement les pièces de séjour au dehors. Cette terrasse n'est utilisable que si une protection solaire est prévue. En façade sud, les grandes ouvertures et les baies vitrées doivent également bénéficier d'une ombre portée pour éviter la surchauffe estivale. Pour cette orientation, c'est un élément horizontal qui remplira au mieux ce rôle et donnera à la terrasse un air de galerie couverte.

L'auvent au long de la façade sud est formé de cinq ensembles de six lattes fixes, inclinées à 45°, portés tous les 2,50 m par des consoles de fixation en plats d'acier galvanisé soudés ; vissés sur la façade et moisés entre deux lattes de bois. Au milieu de chaque ensemble de lattes, une tige acier en maintient l'écartement et l'inclinaison.

Construites à la fin du chantier, les terrasses extérieures du rez-de-chaussée sont constituées de caillebotis de lattes de 22 × 93 cm portés par des solives de 4,5 × 22 cm. Ces dernières sont fondées, du côté opposé à la construction, sur des plots de béton isolés, par l'intermédiaire d'une solive basse formant longrine.

À l'autre extrémité, les longrines sont fixées par des sabots métalliques à une longrine transversale, dite muraillère, ancrée dans le soubassement de maçonnerie au niveau de la rive du plancher de béton. Cette muraillère est suffisamment écartée de la façade bois, au moyen de tasseaux et entretoises, pour en permettre la ventilation naturelle et la protéger de l'humidité.

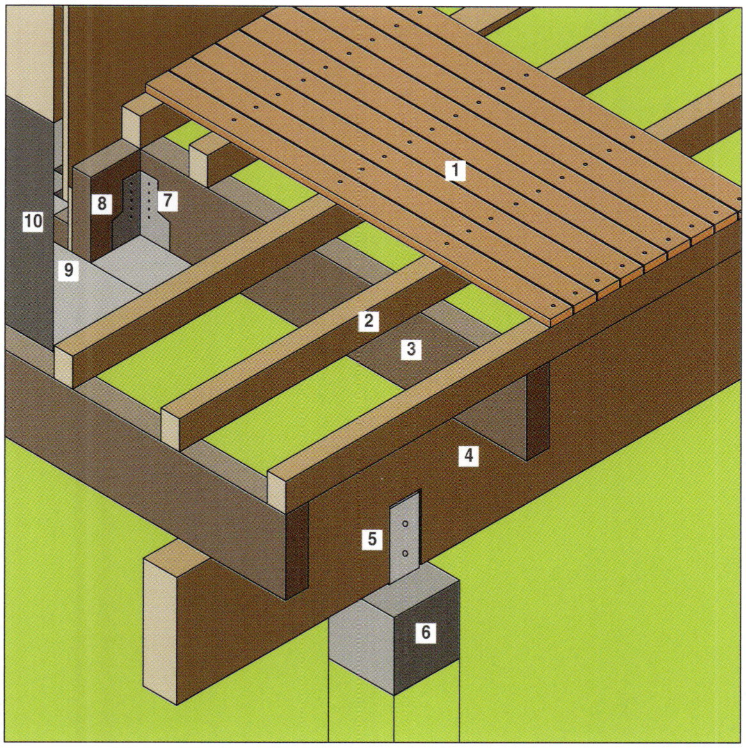

Détail terrasse
Un platelage en lattes de mélèze traité de 22 × 93 cm **(1)** est fixé par vis inox sur des lambourdes **(2)**, elles-mêmes disposées sur des solives de 45 × 220 cm **(3)**. Celles-ci reposent côté jardin sur une solive basse **(4)** qui vient en appui, au moyen d'un sabot métallique **(5)** sur un plot maçonné **(6)**. Côté mur, la solive est fixée par une équerre en acier galvanisé **(7)** à la muraillère **(8)**, ancrée par l'intermédiaire d'une entretoise **(9)** à la rive du plancher en béton armé **(10)**.

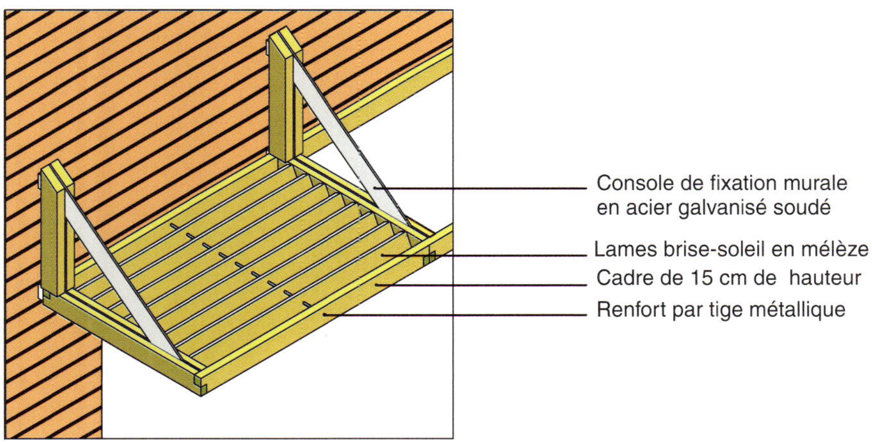

Détail auvent brise-soleil
Afin d'assurer la fixation et la stabilité du brise-soleil en évitant de recourir à des poteaux, une équerre de plats d'acier galvanisé soudés, moisée entre les lattes de bois, forme console. L'écartement et le maintien des lattes de bois, inclinées à 45°, sont obtenus par une tige acier.

Prolongements naturels
Au long de la façade, la terrasse protégée par un auvent brise-soleil s'apparente à une galerie extérieure. En attendant l'aile en retour, qui créera un espace extérieur de qualité, la vie au dehors de la maison se concentre à son angle sud.

Aménagement

Cuisine au Corian

En vacances, le temps du repas se dilate souvent. Son espace et celui de la préparation sont généralement plus fréquentés que les fauteuils du salon. Le plan de cette maison leur accorde la meilleure position, à la pointe sud, ouverte à 270° sur la terrasse extérieure. La cuisine ne pouvait être qu'extravertie, et sa disposition convexe. Par leur forme et leur matière, les meubles de rangement et de préparation, simples et fonctionnels, favorisent la vie ensemble.

Frank Deroche, architecte d'intérieur, responsable des cuisines Mouvement à Aix-en-Provence, se souvient de leur première visite : « Gilles et Françoise sont venus avec leurs deux enfants. Ils m'ont fait un schéma en perspective de la maison en cours de construction et de leur idée de cuisine. Chacun a eu son mot à dire. Ils recherchaient simplicité et efficacité, mais avec un aspect contemporain. En réalité, ils étaient coincés par leur propre schéma, avec un comptoir qui bloquait les idées. »

Après une étude détaillée, ils se sont mis d'accord sur un nouveau plan, avec un îlot central, accolé à une table de même hauteur qui prolonge le plan de travail mais qui peut aussi, grâce à ses pieds de hauteur réglable, être utilisée comme table courante. Cette possibilité de manger assis-debout s'accordait à l'ambiance décontractée et à la convivialité des vacances.

Les plateaux supérieurs sont en chêne massif, d'une épaisseur de 40 mm, et en Corian rouge, ce matériau vieux de quarante ans, qui commence seulement à se répandre. Les façades sont également en chêne, mais en finition vernis mat. Le Corian ajoute une touche synthétique. Comme le dit Frank Deroche, « matériaux et formes donnent un côté ludique, en rapport avec la maison ».

L'îlot central carré comporte de grands tiroirs de rangement, qui contiennent vaisselle et ustensiles, mais intègrent aussi des tiroirs plats à couverts. Il est équipé, au milieu de son plateau supérieur en Corian servant de plan de travail, d'un bac évier peu profond, dit « gatouille », pratique pour la préparation des légumes.

Coin repas
Sous un angle relevé de la toiture, l'espace repas occupe une place privilégiée à l'extrémité sud du séjour et ouvre sur la plus spacieuse des terrasses.

Îlot central
Le bloc de rangement qui assure l'interface avec le coin repas comporte, intégré à son plateau supérieur en Corian, un bac évier.

Cuisine d'angle
Entre le séjour et la terrasse, la cuisine occupe l'angle sud de la maison. Elle sert aussi de salle à manger quotidienne.

Cheminée centrale

La cheminée centrale suspendue au plafond n'encombre pas le sol. Elle pivote sur 360° pour orienter le foyer indifféremment vers l'espace repas ou le salon. Cette formule remplace avantageusement les foyers ouverts, que l'on disposait au centre des pièces pour remplir le même rôle, mais dont le tirage était difficilement satisfaisant. Entièrement en acier, elle est fixée à la charpente par l'intermédiaire d'un chevêtre disposé entre deux poutres.

Le conduit de fumée se prolonge en toiture par un conduit également cylindrique en inox poli.

Atmosphère

Cette maison de vacances propose une synthèse culturelle. Elle bénéficie de la rencontre entre deux arts de vivre traditionnellement opposés de l'Europe du Nord et du Sud. La qualité apportée à l'espace domestique, à l'architecture intérieure, au design de mobilier, au travail du bois, que l'on retrouve sous des formes diverses en Scandinavie, aux Pays-Bas et dans certains cottages du Royaume-Uni, s'accommode ici d'un programme et d'un site méditerranéens.

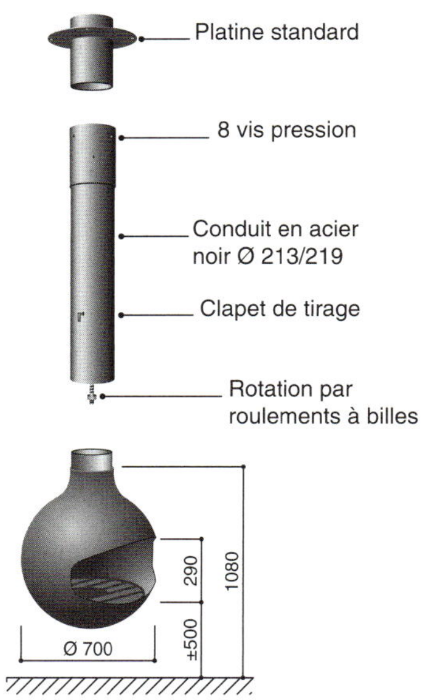

Cheminée Bathyscafocus, de Focus
Créée par le designer Dominique Imbert en 1978, cette cheminée pivote à 360°, permettant l'orientation de son foyer vers les différentes parties de la pièce. D'un poids de 35 kg, la sphère de 70 cm de diamètre, est en acier d'une épaisseur de 2,5 mm. Conduit et pièces d'adaptations sont fournis sur mesure.

Fiche technique

Architecte : KOZ architectes (Paris) (Christophe Ouhayoun et Nicolas Ziesel, avec la participation de Laurent Kerfridin)
Localisation : Cassis (13)
Surface : 160 m^2
Coût des travaux : 400 000 € TTC (hors honoraires d'architecte)
Achèvement des travaux : 2005, après sept mois de chantier

Matériaux :
– Structure : poutres et solives bois lamellé-collé
– Parement de façade en clins de cèdre rouge
Chauffage central au gaz : chauffage par le sol
Charpente, couverture, ossature bois : SCOP Triangle (13, Gardanne)
Aménagement de cuisine : Mouvement (13, Aix-en-Provence)
Menuiserie : M. D. Escaliers (13, Marseille)
Sanitaires : Duravit Starck, robinetterie Vola

Autoconstruction d'une maison de vacances en Normandie

Un volume à habiter

Parmi les murs de pierre du petit village d'Auvilliers, en Seine-Maritime, se dresse une maison en bois, autoconstruite en grande partie. Entre rigueur et fantaisie, sa silhouette aux murs bas et au toit pentu fait écho à l'architecture traditionnelle du lieu. Son allure modeste cache un grand volume à habiter, devenu le théâtre d'expérimentations architecturales et de surprenantes opérations sur l'espace intérieur. Un jeune architecte y a inventé l'aménagement qui convient à la vie communautaire d'une double famille : une sorte de cabane pour abriter les chambres privées et un séjour mué en place de village.

Histoire d'une maison

Les possibilités d'une grange

À l'origine, il y avait seulement le désir d'expérimenter l'espace au sein d'un grand volume, de repenser certaines fonctions du logement. Des bâtiments agricoles à rénover semblaient la solution idéale. Mais les prix élevés du marché, rapportés à la modestie du budget disponible, ont vite eu raison de cette idée. C'est finalement l'offre attractive d'un terrain à construire qui a séduit l'architecte, bien résolu à créer son laboratoire d'architecture pour des expériences en vraie grandeur.

Jean-Baptiste Barache a grandi en Lozère, à la campagne. Il n'a pas oublié les plaisirs simples d'une enfance passée à grimper sur les bottes de foin et à jouer dans les granges et les vieux hangars, où les volumes prennent tout leur sens. Riche de ces souvenirs, il se mit en tête de rénover un de ces grands bâtiments. Avec Mie, sa compagne, ils n'avaient pas réellement besoin de place, ni sérieusement envie d'une résidence secondaire, mais plutôt le désir, devenu existentiel, de travailler la matière, de jouer avec les pleins et les vides, de confronter les hauteurs.

Longtemps, l'architecte a cherché un grand local ou une grange à rénover, d'abord à Paris, puis en banlieue, enfin dans un rayon de cent kilomètres. L'annonce d'un terrain à bâtir à 15 000 euros fit l'effet d'une grâce providentielle compte tenu de l'enveloppe financière dont ils disposaient. La parcelle légèrement vallonnée se trouvait en pays de Bray, cette partie de la Haute-Normandie au climat rude qui s'étire en bord de Somme, entre Dieppe et l'Île-de-France.

Situé près de Neufchâtel-en-Bray, Auvilliers est à peine peuplé d'une centaine d'habitants. L'environnement bâti témoigne d'une activité agricole et d'un habitat traditionnel utilisant techniques et matériaux locaux. Dans ce tissu peu dense d'habitat diffus, la proximité du portail d'un château classé monument historique depuis 1933 plaçait la parcelle sous le regard de l'architecte des Bâtiments de France.

En dépit du prix attractif du terrain, l'architecte ne pouvait assumer seul les coûts d'acquisition et de construction. Son frère et sa belle-sœur l'aidèrent alors à concrétiser son projet en acceptant de devenir copropriétaires de la maison, sans bien savoir où les mènerait l'aventure. Finalement, l'architecte allait consacrer dix-huit mois de sa vie à bâtir de ses propres mains cette maison de campagne, témoin des désirs de chacun.

L'architecte

Depuis plus de cinq ans, **Jean-Baptiste Barache** collabore avec l'atelier d'architecture flottante et d'ingénierie Seine Design sur des projets d'envergure, comme celui d'un hôpital flottant à Paris. Parallèlement, il développe une activité libérale pour des projets individuels (maison de ville à Antony, atelier de théâtre et logement à Paris, mobilier) ou des études d'urbanisme (ZPPAU du village de Pont-de-Montvert, en Lozère). Aimant prendre le temps d'apprécier la lumière, les ambiances et le contexte, afin de répondre au plus près aux exigences de ses clients, il construit peu, mais bien, à la manière d'un artisan minutieux.

Intégration naturelle
La réalisation ne s'est pas éloignée de l'esprit minimaliste initial du projet : un toit protecteur abritant diverses activités. Respectant les pentes de toiture et les proportions des volumes avoisinants, la maison s'intègre naturellement au paysage. L'utilisation du bois comme matériau unique de l'enveloppe participe pleinement à cette intégration.

Voisinage
C'est dans un univers végétal que s'élèvent les habitations et les bâtiments agricoles de Normandie. Caractérisés par des murs bas, souvent en torchis, en brique ou encore tramés par des lignes de silex, ils ont d'emblée une échelle domestique. Leur toit pentu, souvent en tuiles d'ardoise, parfois en terre cuite, coiffe un bâtiment allongé, à la silhouette élancée. Plus traditionnelle, mais dans le même esprit, une maison à colombage avec remplissage de torchis montre son pignon habillé de bois et ses tuiles en terre cuite. Sur la photo du bas, ce sont des plaques de tôle ondulée qui recouvrent une extension et servent de bardage vertical à la maison voisine.

Plan de masse
La maison, légèrement en retrait du chemin d'accès, est implantée de manière à permettre la division ultérieure du terrain tout en profitant d'une exposition au sud.

Programme

Maison pour tous

Depuis la rue, la maison paraît, selon le point de vue, austère comme une hutte de bois ou solennelle comme une église. Dès le seuil, c'est un univers aux tons chaleureux qui accueille le visiteur. Cette maison à partager pour le temps des loisirs est généreuse dans ses espaces comme dans ses proportions, condition indispensable à la vie communautaire.

En l'absence de réelles contraintes, tout était permis pour une remise en cause radicale des conventions de l'habitat, à commencer par la cellule domestique, qu'il fallait repenser pour l'adapter à une double famille.

Dans cette grande enveloppe tout entière vouée aux vacances, devaient s'inscrire des activités essentielles, telles que lire, se laver, se nourrir, dormir, ainsi que d'autres restant à imaginer. La gageure était de faire coexister les espaces privatifs et collectifs des deux familles vivant sous le même toit le temps d'un été ou d'un week-end prolongé. Fallait-il diviser la maison en deux, cloisonner l'espace, ou au contraire ouvrir chaque pièce afin d'en intégrer les distributions ? Les premières esquisses du programme se sont révélées plutôt conventionnelles, au grand dam de l'architecte. Voahirana, sa belle-sœur, impulsa la première une nouvelle dynamique : « Si l'on doit construire une maison neuve, autant la faire différente ! » Dès lors, celle-ci serait commune, mais pas courante.

Le choix de se raccorder ou non au réseau électrique suscita de longues interrogations et de multiples débats. Il fut finalement décidé que la maison vivrait au rythme de la nature. Adieu appareils ménagers, télévision, home cinéma et autres accessoires du confort moderne et des plaisirs domestiques. Ce choix courageux bouleversait les habitudes. Il allait falloir inventer des activités, meubler l'oisiveté, redécouvrir des plaisirs simples, adapter son alimentation à l'absence de réfrigérateur, acheter chaque jour des produits frais. En contrepartie, le calme, qui surprend les nouveaux arrivants, rendait le lieu propice à la contemplation.

Pénétré de culture japonaise, Jean-Baptiste Barache a toujours porté une grande attention à la lumière. Il a bien sûr étudié l'éclairement naturel de chaque espace, mais ausi travaillé sur les effets de l'éclairage à la flamme, afin de retrouver les ambiances évoquées dans *L'Éloge de l'ombre*, de l'écrivain japonais Junichirô Tanizaki, dont il est un grand admirateur. « Le soir, explique-t-il, les personnes et les objets se révèlent dans l'ombre mouvante d'une manière toute différente, avec une beauté oubliée. »

Loisirs
Les scènes de la vie familiale se prolongent sur la grande terrasse extérieure.

Double foyer
Réussir une maison de vacances pour deux familles sans doubler les surfaces ni cloisonner les espaces, mais en construisant un lieu de rencontres qui inspire la sérénité et favorise le contact avec la nature.

Boîte de nuit ou cathédrale ?
De petites alcôves individuelles contiennent les lits et permettent de s'isoler, tandis que le volume principal se dilate côté sud, au contact du jardin, pour former un séjour cathédrale.

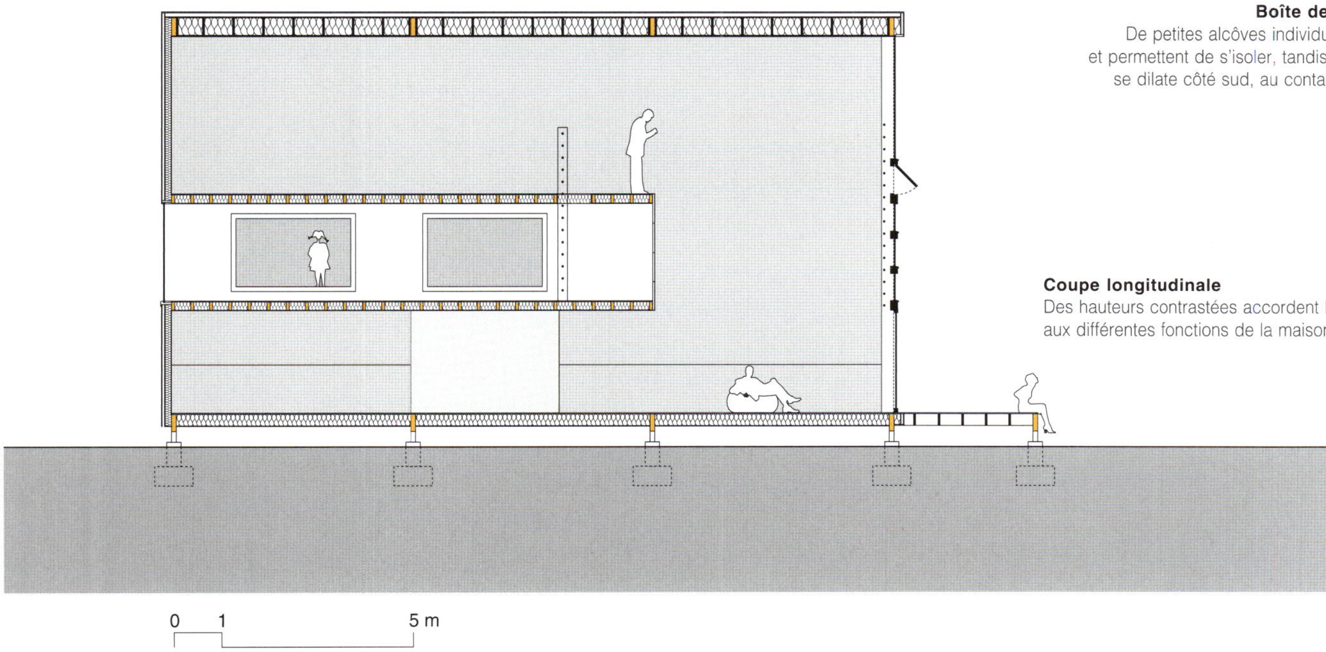

Coupe longitudinale
Des hauteurs contrastées accordent les espaces aux différentes fonctions de la maison.

Projet

Cabane perchée

Ici, pas de geste architectural. C'est sous la banalité de l'enveloppe, avec son toit à deux pentes imposé par les règlements, que se cachent les solutions structurelles et fonctionnelles les plus astucieuses. S'inspirant des savoir-faire du passé, cet archétype de maison exprime une volonté bien actuelle d'ouvrir l'espace et de vivre ensemble en toute simplicité.

Avant de pousser trop loin les esquisses, une visite s'imposait à l'architecte des Bâtiments de France pour faciliter l'obtention du permis de construire. Décidé à montrer l'architecture qu'il affectionne et l'esprit contemporain dans lequel il souhaitait concevoir sa maison, Jean-Baptiste Barache lui présenta des références incontestables : la maison de Rem Koolhaas à Bordeaux, la villa Farnsworth de Mies van der Rohe et une extension en bois de Peter Zumthor. L'avis tomba comme un couperet : pas de toit terrasse, toiture double pente obligatoire et orientation dans l'alignement des maisons environnantes. En revanche, carte blanche était laissée au concepteur quant à la forme, à la nature et aux percements de l'enveloppe.

Contraint de réaliser lui-même une grande partie des travaux, l'architecte décida d'utiliser le bois en structure, bardage et habillage. Le choix des bardeaux de bois, qu'il avait déjà eu l'occasion de poser, lui permettait de confirmer l'unité de matière par le traitement des revêtements extérieurs. Achevée, la maison évoque une hutte couverte d'écailles de bois.

Le volume habitable posé sur pilotis est divisé par le bloc des chambres à mi-hauteur. Repas, bains, couchages, espace de travail… tous les usages gravitent autour de ce quadrilatère. La grande salle à manger est conçue comme les pièces à vivre d'autrefois. C'est là que tout le monde se retrouve, où l'on se restaure, où l'on peut jouer, faire ses devoirs. Le bloc autonome des chambres surplombe le séjour, comme suspendu. Trois lits-cabines y sont disposés de part et d'autre d'un espace central. Baigné de lumière naturelle au nord, ce bloc bénéficie au sud de l'éclairage indirect des panneaux de polycarbonate donnant sur le séjour.

Comme un rêve de cabane perchée, ce dispositif offre des points de vue et des hauteurs variés. Sous le plancher des chambres, la hauteur sous plafond est réduite à 2,10 m, mais le volume se dilate dans le séjour pour atteindre 7,10 m jusqu'au faîtage. Sous la nef, la forme libre du bloc des chambres, avec ses protubérances latérales et son avancée en porte à faux au-dessus du séjour, affirme son autonomie de maison dans la maison et introduit des tensions qui construisent l'espace.

Structure dressée
La construction de la structure laisse entrevoir l'ampleur du volume et son futur aménagement à dominante verticale.

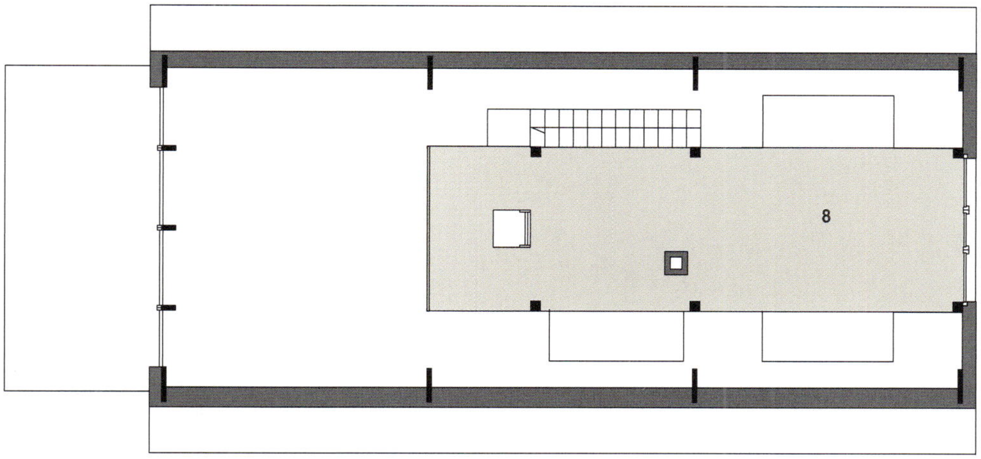

1. Entrée
2. Cuisine
3. Salle de bains
4. W.-C.
5. Séjour
6. Chambres
7. Alcôves, lits-cabines
8. Mezzanine, espaces de couchage supplémentaires
9. Terrasse

Mezzanine

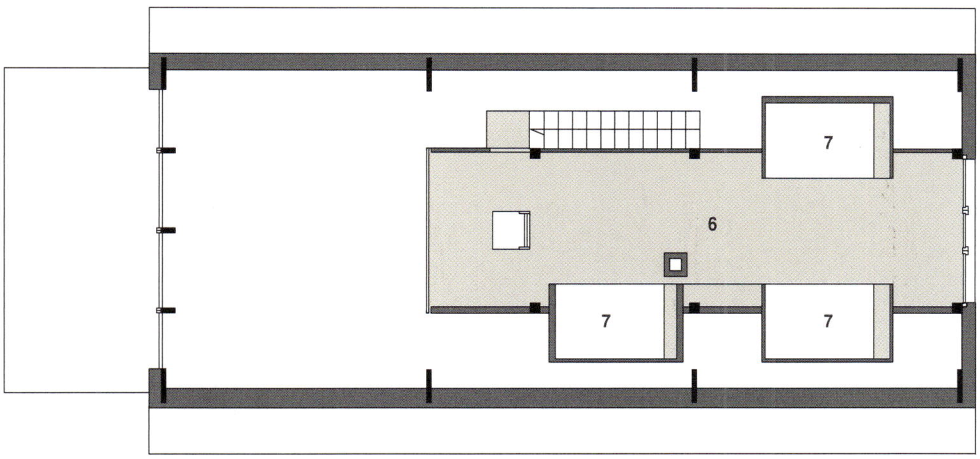

Étage des chambres

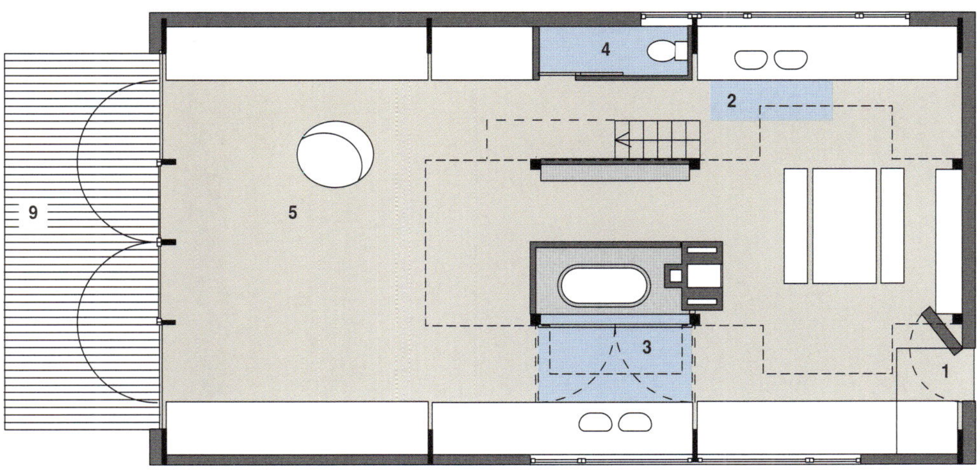

Rez-de-chaussée

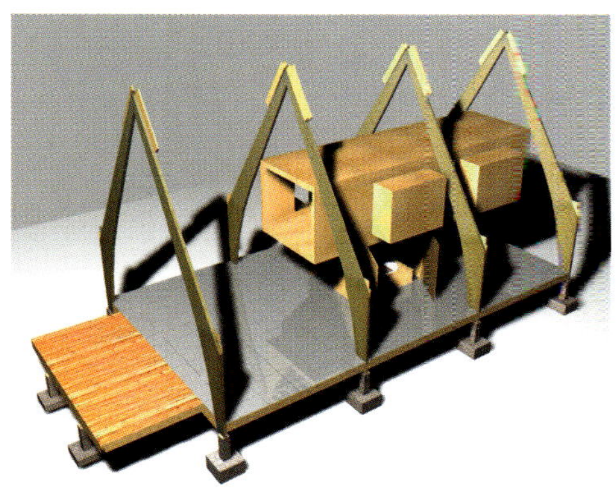

Sous la couverture
Sur deux tiers de la longueur de la nef, le grand volume est occupé par l'étage des chambres. Inscrit au milieu des quatre fermes, le plancher bas constitue une sorte de table sur laquelle semble se dresser le bloc autonome des chambres.

Portfolio

Temps suspendu

Dans cette maison légère, qui touche à peine le sol, le temps aussi semble suspendu. Sans électricité, ni machine à laver, télévision ou home cinéma, tout est à inventer, y compris les soirées. Il faut réapprendre les rythmes de la nature et des saisons pour goûter aux plaisirs simples des jeux de l'ombre et de la lumière qui animent matières et visages. L'espace ouvert permet de redécouvrir la vie ensemble et de se regrouper, comme les soirs d'orage ou de grande panne.

Plafond surbaissé
Au cœur de la maison, l'espace cuisine-repas s'abrite sous le volume des chambres. Au-dessus de la table, le plafond est surbaissé. Aménagée comme le carré d'un bateau, cette salle commune est animée par des hauteurs contrastées et des formes complexes.

Façade sud
Comme une matière vivante, le bois employé pour revêtir les façades semble réagir à l'humeur du temps. La façade sud bénéficie d'une ventilation haute naturelle grâce à un panneau ouvrant sur l'extérieur.

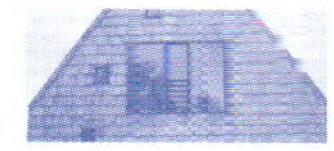

Carapace
Contredisant sa silhouette traditionnelle, la maison effleure le sol de la prairie. Matériau unique, les tuiles de bois recouvrent d'un long manteau toiture et façades. L'unité de la construction, obtenue par un bardage homogène, n'est qu'éphémère : recevant inégalement la lumière et l'usure du temps, le toit et la façade redeviennent vite distincts.

Vivre ensemble
Le pari audacieux de ne pas réserver d'espaces privés à chaque famille est gagné grâce à la qualité du séjour commun : un volume généreux à partager.

Perspective axiale
Depuis la terrasse, on perçoit l'ensemble de la maison, à commencer par la nef du séjour. L'avancée en porte à faux du volume des chambres est matérialisée par le panneau translucide de sa face avant.

Superposition
Dissocié de la construction principale, le volume des chambres frotte presque contre la charpente. De longs meubles filants bordent les façades, au long du passage vers l'entrée et la cuisine.

Lits-cabines
L'espace central de l'étage des chambres dessert trois lits-cabines. L'échelle du fond donne accès à la mezzanine. Le conduit du poêle, en briques réfractaires, diffuse la chaleur.

Cahier technique

Sculptée dans le bois

Agréable à travailler, accessible aux amateurs, le bois s'est imposé naturellement à l'architecte, aussi bien en charpente qu'en bardage. C'est en fait la maison entière qui est sculptée dans ce matériau, de la structure à l'aménagement intérieur, sans oublier parois et fenêtres. Si le choix d'un matériau unique simplifiait l'assemblage des pièces, le traitement des détails de jonction et raccords, la maîtrise des dilatations et la gestion de l'eau pluviale méritaient réflexion.

L'opération ne manquait pas d'ambition. La plupart des maisons à ossature bois s'accommodent de systèmes constructifs n'utilisant que des pièces de petite dimension, qu'un ou deux hommes peuvent réaliser en quelques jours. Au vu du budget limité de cette maison, dont la construction est comparable à celle d'un bateau de 15 × 8 m, avec 7 m de tirant d'eau, ou d'une église de mêmes dimensions, l'autoconstruction s'imposait.

L'architecte a fait réaliser les fondations et la charpente en bois, hors solivage du plancher, par un charpentier local. Après quoi, il a retroussé les manches et, pour pallier son inexpérience, a consulté des professionnels et choisi de s'entourer de compagnons à la retraite, comme ce menuisier qui lui a prêté son atelier et donné des conseils avisés de mise en œuvre.

À chaque élément posé, il fallait s'interroger sur la meilleure réalisation possible, les réponses les plus justes et les mieux adaptées à la logique constructive. Par exemple, si un panneau était mis dans tel ou tel sens, l'eau allait-elle s'écouler ou stagner ? C'est ainsi que, de fil en aiguille, des réflexes sont apparus, appuyés au besoin par des informations glanées dans des ouvrages spécialisés, quand le savoir-faire local n'y suffisait pas.

La recherche a porté sur les solutions les plus économiques et les plus simples, sans rien sacrifier au souci du détail. Après bien des croquis et dessins d'exécution réalisés sur place, souvent sur des bouts de bois, la maison a finalement été posée sur de simples pilotis en béton – quatre lignes de plots portant quatre ensembles de charpentes, appelées fermes, en lamellé-collé composant son ossature – et habillée de bardeaux de cèdre rouge, un bois imputrescible, facile à travailler et relativement bon marché.

Enveloppe
Menuiseries extérieures

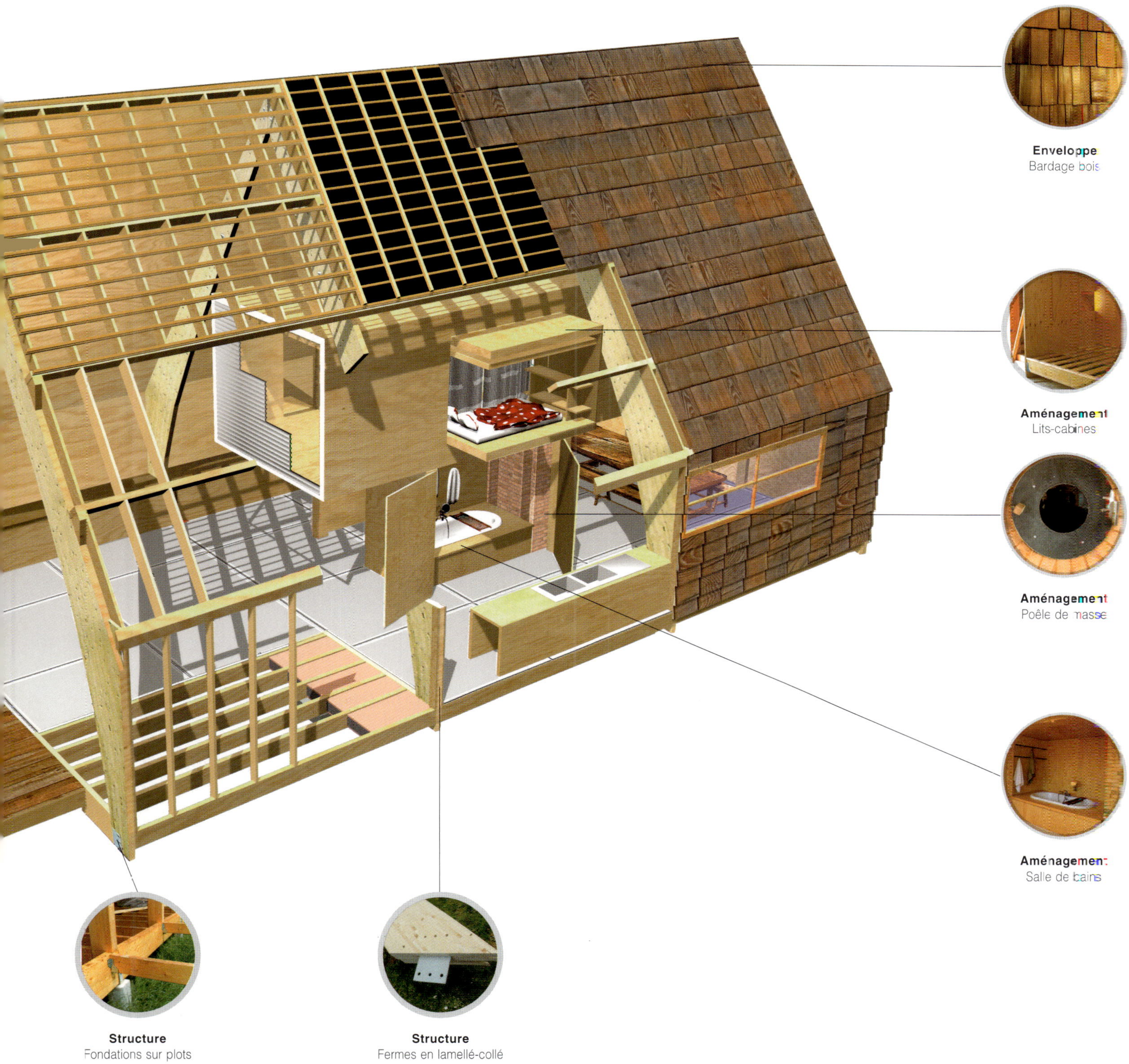
Enveloppe
Bardage bois
Aménagement
Lits-cabines
Aménagement
Poêle de masse
Aménagement
Salle de bains
Structure
Fondations sur plots
Structure
Fermes en lamellé-collé

Structure

Fondations sur plots

Comme juchée sur pilotis, la construction prend appui sur des fondations superficielles isolées. Pour poser l'ossature bois, l'entreprise de charpente, avec bureau d'études intégré, a coulé sur place des plots en béton, à l'aplomb de chaque appui des fermes et poteaux intérieurs. La nature favorable du sol et la structure de la maison ne laissaient pas craindre de tassements différentiels et rendaient inutile une solution plus lourde, comme la réalisation de semelles continues ou d'une plate-forme complète en béton.

Vingt plots de béton armé isolés les uns des autres font de la maison une construction sur pilotis. Un plot de fondation est un ouvrage d'infrastructure qui reprend les charges ponctuelles de la construction et qui les transmet et répartit dans le sol. Sur un terrain moins cohérent et pour une construction moins homogène, il aurait été nécessaire de réaliser un ensemble de fondations plus coûteux, formé de semelles, de longrines et plancher de béton armé, comme pour une construction de maçonnerie. Ce type d'ouvrage nécessite des moyens différents pour le levage et le coulage du béton, entraînant des dépenses supplémentaires.

Les plots sont disposés sous chaque appui de structure, ici à raison de quatre par ferme et deux complémentaires qui fondent deux poteaux de la « boîte des chambres ». La terrasse extérieure est portée par un ensemble de solives fixées d'un côté dans le sommier de la première ferme au sud, et de l'autre sur une poutre portée par deux plots complémentaires.

Les plots étant indépendants les uns des autres, leur hauteur peut être inégale pour s'adapter à la légère dénivellation du terrain. Pour rester hors gel en toutes circonstances, le dé de répartition, constituant la base de chaque plot, doit rester enfoui à une profondeur d'au moins 60 cm. Le profil pentu de la tête du plot empêche l'eau de stagner. Une pièce métallique, étrier en acier galvanisé scellé dans le béton, sert à maintenir et fixer solidement au sol les fermes et poutres en bois. Surélevant légèrement les pièces de bois au-dessus du béton, cet étrier évite leur dégradation par les remontées d'humidité.

Une fondation complémentaire, constituée d'un massif de béton, a été coulée sous le poêle de masse. Reportant la charge directement sur le terrain de construction, ce socle évite de solliciter la structure et le plancher bois.

Contact au sol
Les plots de béton élèvent la construction bois à peine au-dessus du terrain naturel. Ici ils seront masqués par la terrasse extérieure.

Chantier de réalisation des plots de fondation
Après les fouilles indépendantes, effectuées pour le coulage de plots isolés, les plots de béton surmontés d'étriers de fixation des pièces de charpente en acier sont enterrés. Un massif spécial supportera la charge du poêle. Les fermes assemblées au sol sont mises en place et positionnées sur les sabots métalliques à l'aide d'un engin de levage polyvalent.

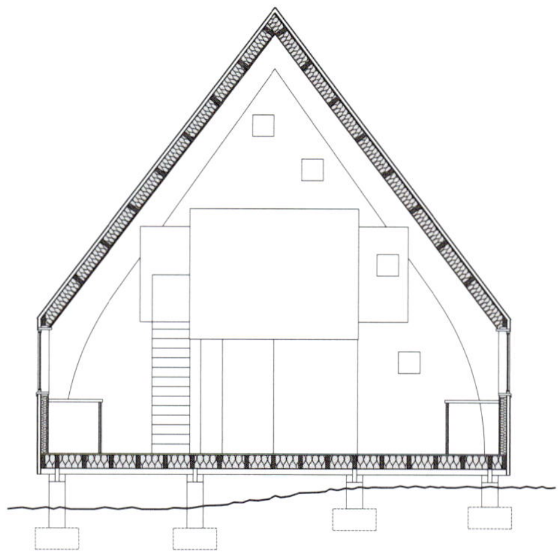

Coupe transversale
La hauteur des plots varie pour tenir compte de la déclivité et maintenir les massifs à une profondeur d'au moins 60 cm.

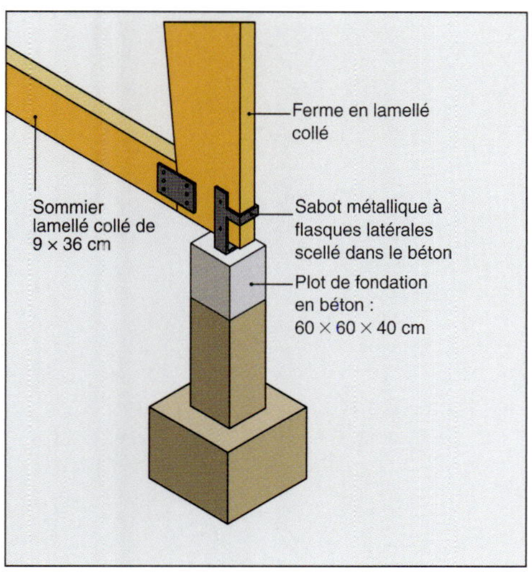

Principe des fondations sur plots
Reprenant ponctuellement les charges transmises par la structure, les fondations sur plots de béton isolés constituent l'interface minimale entre le sol et la maison. Chaque plot est composé d'un simple dé de répartition enfoui dans le terrain, surmonté de l'amorce d'un poteau, en béton armé l'un comme l'autre.

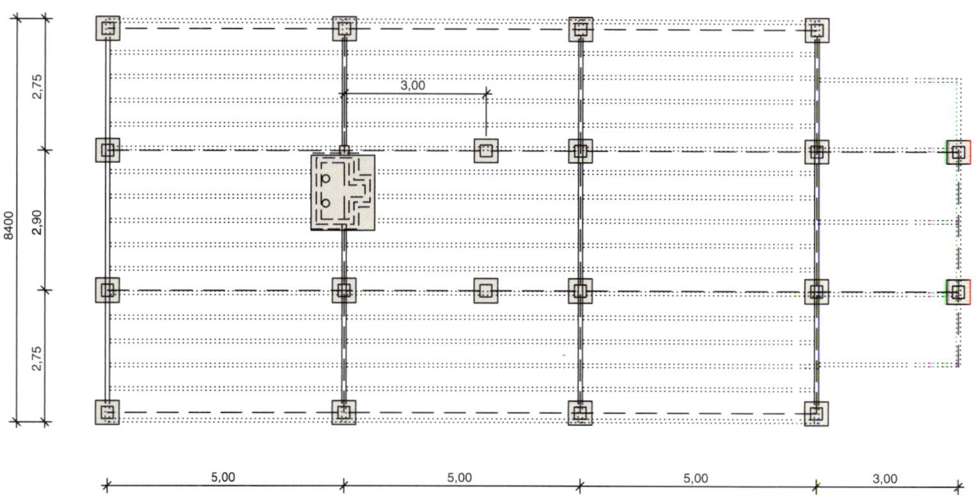

Plan de fondations
La trame régulière d'implantation des plots de béton est complétée d'une assise spéciale pour le poêle, de deux points de fondation pour les poteaux du volume des chambres et, à droite, de deux autres points pour supporter la terrasse.

Charpente en lamellé-collé

Assemblage des arbalétriers
Les arbalétriers sont assemblés par boulonnage sur une plaque métallique de liaison, glissée à moitié dans l'épaisseur de chacune des deux pièces afin d'assurer la rigidité de la connexion.

Pour la charpente principale, l'architecte a préféré recourir au savoir-faire d'un professionnel aguerri. Les quatre grandes fermes qui composent l'ossature primaire de la maison sont réalisées en bois lamellé-collé. Juxtaposition de fines lames de bois, le lamellé-collé employé ici est réalisé en utilisant une colle mélamine urée au formol. Ce type de poutre permet d'obtenir de grandes portées, qui libèrent le sol.

La résistance du lamellé-collé dispense de devoir positionner un entrait sous le faîtage et permet de profiter pleinement du volume sous toiture. Chaque ferme est divisée en deux et assemblée sur place. Le profil des poutres à inertie variable qui constituent les demi-fermes est défini, à l'extérieur, par la géométrie de l'enveloppe de la construction et, à l'intérieur, par le calcul de l'inertie nécessaire en différents points. L'assemblage des bois entre eux est réalisé par des plaques et sabots en tôle d'acier galvanisé. Le levage des fermes est assuré par un simple élévateur télescopique sur roues, engin polyvalent qui permet de relever 5 tonnes jusqu'à 16 m de haut.

Les solives du plancher, initialement prévues en madriers de sapin du Nord, de 7,5 × 22,5 cm, comme les pannes de la toiture, ont finalement été remplacées par des poutres en lamellé-collé, sensiblement plus hautes, de 7,5 × 26,7 cm. Le plancher offre une résistance de 250 kg par m^2. Au-dessus des fermes est positionnée une panne faîtière de 7 × 22,5 cm, en deux longueurs bout à bout.

Le charpentier choisi avait une grande pratique du lamellé-collé, avec lequel il réalisait des structures de dimensions importantes pour la construction de hangars industriels ou agricoles. Grâce à un logiciel de résistance des matériaux, il a enrichi son savoir-faire et assumé la responsabilité des calculs de structure.

Levage des fermes
La maison est ancrée au sol par l'intermédiaire des quatre lignes de plots de béton sur lesquels portent les solives du plancher en lamellé-collé intégrant les traverses basses des quatre fermes. L'ensemble complété par les pannes et les chevrons, sur lesquels viendra se poser le bardage, délimite un généreux volume contenant la boîte porteuse des chambres.

Enveloppe

Menuiseries extérieures

L'enveloppe extérieure de la maison est en phase avec la structure et l'aménagement intérieur. En plus des bénéfices esthétiques que l'on en retire, l'emploi d'un unique matériau est avantageux sur le plan technique puisqu'il simplifie les montages, les interfaces et les liaisons entre menuiseries, parements de façade et structure. Indirectement, il est source d'économies.

Dans une logique de respect de l'environnement, de recyclage et d'économie de moyens, les menuiseries ont été fabriquées avec du bois de récupération, en sapin de pays. Les boiseries ont été entièrement rabotées et traitées à l'ancienne. Un menuisier à la retraite a gracieusement prêté son atelier.

Pour le traitement extérieur, l'architecte constructeur a recouru à une technique ancienne consistant à brûler superficiellement au chalumeau l'épiderme du bois, afin de lui permettre de résister à la fois aux intempéries, au soleil et aux insectes xylophages. Élevé à haute température, le bois devient insensible aux pourritures et champignons. Durcie par la combustion superficielle, sa surface devient plus dure et plus résistante. Ce traitement a été préféré à la protection par lasure, qui exige un entretien régulier. Fondées sur le même principe, les techniques modernes de construction en bois massif THT (très haute température) élèvent la température du matériau jusqu'à 250 °C et utilisent la vapeur d'eau pour empêcher l'inflammation.

La ventilation du volume habitable est assurée par six trappes de plancher de 20 × 30 cm, positionnées au milieu, entre les fermes, pour l'arrivée d'air frais, et deux châssis ouvrants en façade, pour l'évacuation de l'air vicié. La convection naturelle dispense de ventilation mécanique.

Porte d'entrée
Contre toute attente, la porte d'entrée est quasi invisible, revêtue du même bardage que le reste de la maison. Même la poignée de porte est dissimulée sous une tuile de bois. Isolée comme la façade, la porte est si épaisse et lourde, qu'il a fallu charger un mécanicien local de la monter sur pivot au lieu des charnières habituelles.

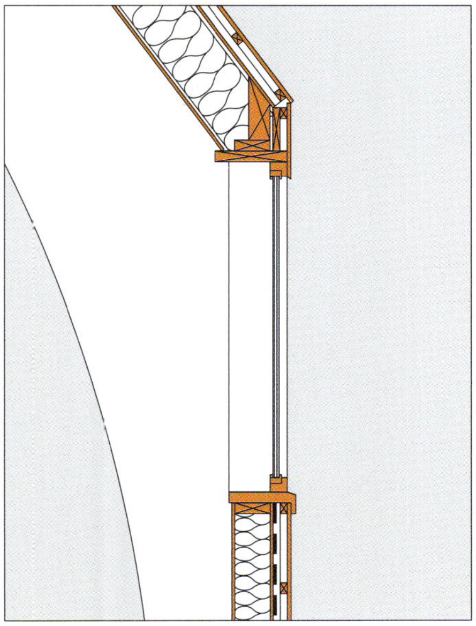

Menuiseries des façades latérales
La mise en place des menuiseries intervient avant la pose définitive des bardeaux de façade.

Menuiseries de la façade sud
Le traitement par brûlage superficiel dispense de l'entretien régulier inhérent aux menuiseries bois.

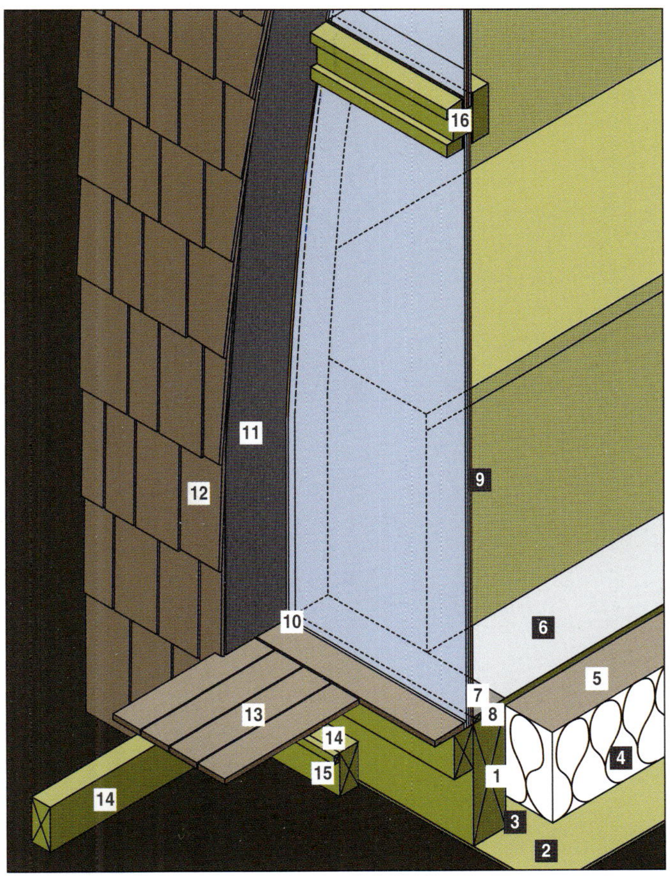

Terrasse et façade sud
La terrasse est couverte d'un platelage en mélèze. Le plancher de la maison renferme un isolant de laine de roche de 20 cm d'épaisseur comportant un pare-vapeur juste au-dessus. Un panneau d'aggloméré rainuré, avec traitement hydrofuge pour les zones humides constitue le sol de la maison. Laqué en blanc, il réfléchit la lumière.

1. Sommier en lamellé-collé
2. OSB 10 mm
3. Lame d'air
4. Isolant laine de roche
5. Pare-vapeur
6. Aggloméré de 25 mm hydrofuge assemblé à rainures-languettes
7. Tôle d'acier laqué blanc
8. Parclose de 30 x 25 mm
9. Vitrage 4/12/6
10. Joint périphérique extérieur
11. Habillage en cèdre rouge
12. Bardeaux de cèdre rouge
13. Platelage mélèze
14. Structure terrasse traitée par autoclave, poutre de mélèze de 267 x 70 mm
15. Tasseau en châtaignier pour fixer les vis par le dessous
16. Menuiseries sapin brûlé à l'extérieur, lasuré à l'intérieur

Enveloppe (suite)

Bardage d'écailles

À l'image d'une carapace, la maison est recouverte d'écailles en cèdre rouge, le « red cedar » des forêts canadiennes. Jean-Baptiste Barache avoue qu'il aurait préféré du mélèze ou du châtaignier. Plus coûteuses, ces essences locales produisent des tuiles plus épaisses et mieux finies, livrées avec têtes et chants arrondis. L'architecte a posé lui-même sur le toit et les façades les quelque 11 300 bardeaux qui en constituent l'épiderme protecteur. Laissé brut de sciage, le bois prend avec le temps une couleur gris argent.

Obtenues par sciage, les tuiles de bois sont clouées avec des pointes d'acier galvanisé sur une structure secondaire de tasseaux horizontaux, elle-même fixée sur des tasseaux verticaux. La superposition et l'espacement des tasseaux assurent la ventilation de la façade et lui permettent d'amortir les variations d'humidité sans les transmettre au bâtiment.

Plus adaptable que la plupart des autres parements, le bardage de tuiles peut revêtir des édifices aux formes complexes, en pose verticale ou oblique. Les tuiles de 60 cm se recouvrent partiellement dans le sens de la longueur. La partie non recouverte, dite « pureau », ne dépassant pas 25 cm, toiture et façades sont ainsi revêtues d'une double couche de tuiles. La largeur des tuiles varie de 12 à 30 cm, introduisant une animation de l'ensemble.

Tuiles en clins

La pose de bardage en clins implique que les lames de bois se recouvrent les unes les autres. C'est la méthode la plus classique et la plus ancienne pour habiller de bois une habitation. Par extension, le terme désigne aujourd'hui tout type de bardage, quel que soit son mode de pose.

Pour obtenir ces fines lamelles de bois, un billot est découpé en tranches, dont chacune est fendue en biais. La face sciée est disposée côté intérieur, la face fendue côté extérieur, afin de respecter le fil du bois et permettre à l'eau de s'évacuer.

Suivant la saison et l'heure de la journée, la couleur des bardeaux s'éclaircit ou s'assombrit, devient terne ou brillante. Les bardeaux de cèdre rouge vif voient leur couleur s'estomper avec le temps pour devenir grise.

Textures et couleurs
Les variations de la lumière changent l'aspect des tuiles de bois.

Pose des tuiles
Les bardeaux sont cloués sur les tasseaux à partir du bas de la façade.

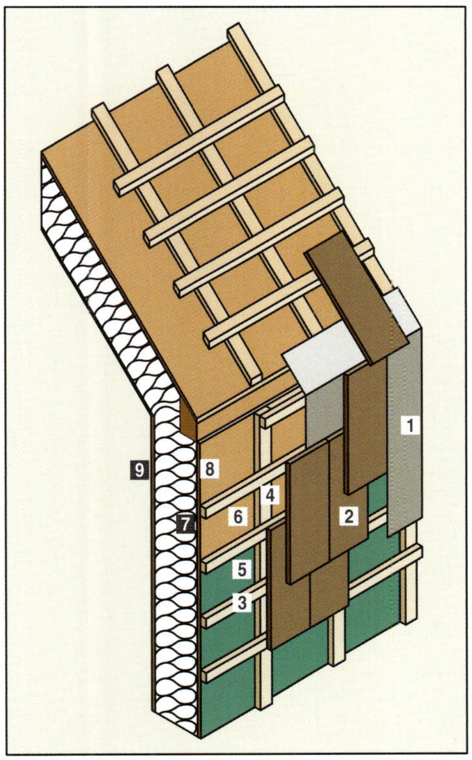

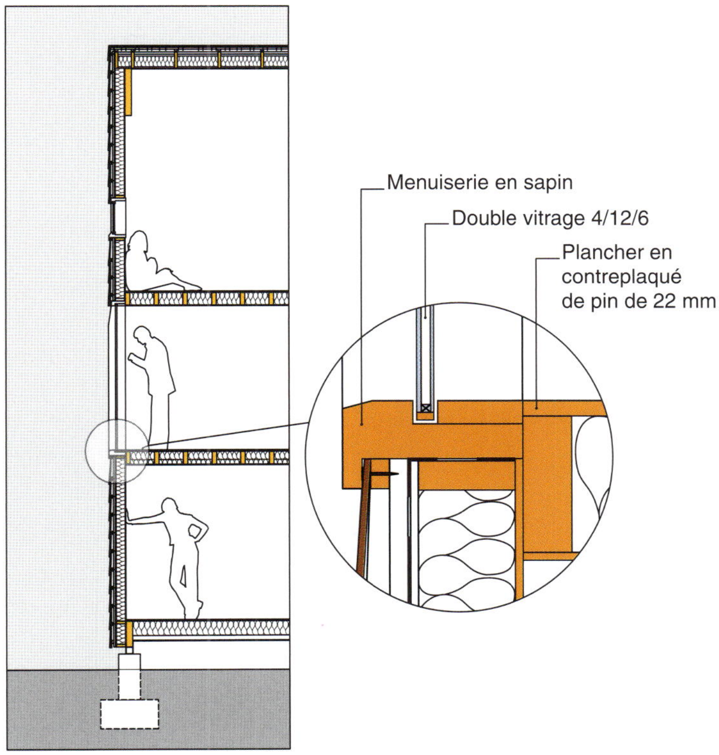

Détails façade et toiture

1. Bande de zinc pour protection des angles
2. Bardeau de cèdre rouge
3. Liteau horizontal de 25 × 38 mm
4. Contre-liteaux de 25 × 38 mm
5. Pare-pluie
6. Panneau OSB de 10 mm
7. Laine de roche entre ossature de sapin de 38 × 125 mm
8. Contreplaqué de pin 10 mm
9. Panneau de contreplaqué de pin 10 mm

Aménagement

Lits-cabines

Au cœur du grand volume, une sorte de longue boîte centrale organise l'espace et les usages. Édifiée au premier étage sur les deux tiers de la longueur de la maison, elle laisse à la troisième travée sa pleine hauteur de 7 m sous faîtage. De part et d'autre de cette forme oblongue, sortent, comme des tiroirs aménagés en lits, trois alcôves : véritables « boîtes de nuit », ce sont les chambres.

La boîte de l'étage prend appui sur la façade nord, renforcée de deux poteaux. Portée dans la travée centrale sur quatre autres poteaux disposés en carré, elle s'avance en porte-à-faux au-dessus du séjour, fermée par des panneaux de polycarbonate translucide. Les charges de chacun des appuis verticaux sont reprises par les plots de fondation.

Comme une maison dans la maison, cette construction affiche une autonomie formelle, structurelle et fonctionnelle en même temps qu'elle exerce une grande influence sur l'ensemble de la maison. Ce volume contient les espaces de nuit, qui bénéficient ainsi d'une sorte de double enveloppe, de double protection, qui peut sembler rassurante dans une construction à ossature bois, réputée légère. Débarrassée des contraintes d'étanchéité à l'air et à l'eau, cette cabane intérieure bénéficie d'une réalisation technique simple et adopte des formes libres, qui jouent sans complexe du porte-à-faux.

Les poteaux ne gênent en rien l'usage du rez-de-chaussée. D'un côté, ils sont intégrés à l'enveloppe de la « salle de bains » et stabilisent ses grands battants pivotants. De l'autre, ils forment les montants d'une bibliothèque. La boîte des chambres génère ainsi un dessous et un dessus, aux caractéristiques architecturales particulières, judicieusement exploitées. Comme les lits-cabines, ces espaces valorisent l'intimité, en parfait contraste avec le volume principal.

Au rez-de-chaussée, le dessous des chambres ne laisse qu'une hauteur de 2,10 m sous plafond, qui convient à la zone repas, à la salle de bains et à la bibliothèque.

La boîte des chambres
En porte-à-faux, le volume des chambres, avec sa façade en panneaux de polycarbonate, surplombe le séjour.

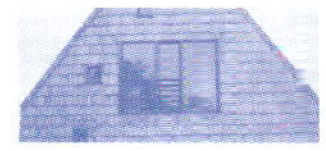

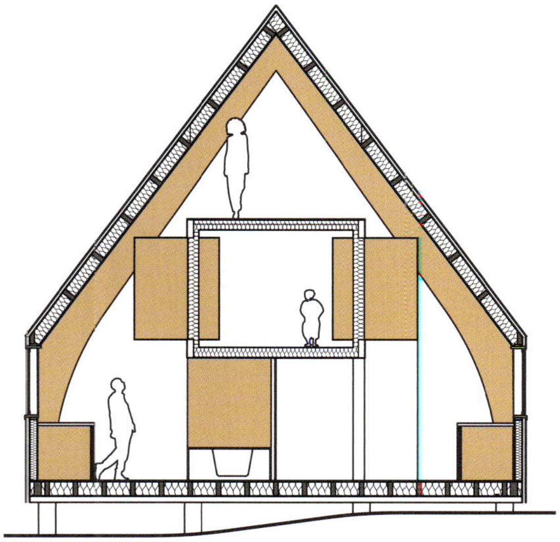

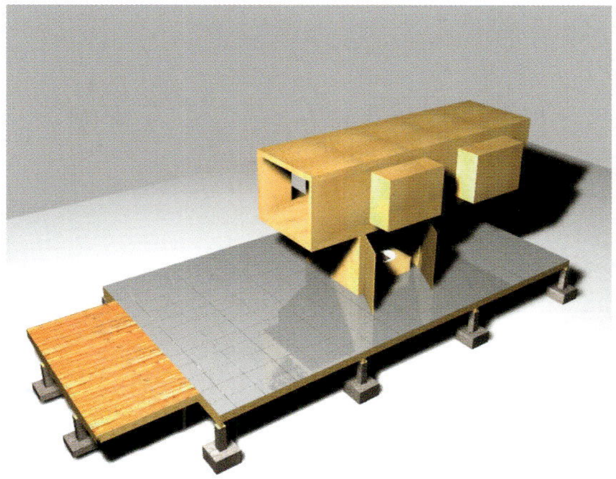

Axonométrie et coupe transversale
Suspendues à la structure par leurs faces latérales, les alcôves s'avancent au-dessus du vide.

Aménagement des boîtes
Sous la nef est érigée la structure autonome de la cabane centrale. Sur une base qui évoque un classique sommier à lattes, est assemblée une boîte rigide en panneaux de contreplaqué. De simples étagères et deux rideaux complètent le dispositif.

Aménagement (suite)

Poêle de masse

Poêle et four
Comme dans une cuisinière à feu continu, la partie supérieure du poêle sert de four.

Inspiré par les poêles scandinaves, ancêtres des radiateurs à accumulation d'aujourd'hui, l'architecte constructeur a transposé les techniques en usage dans les pays nordiques pour chauffer l'espace cuisine-salle à manger et les chambres. Compte tenu du volume des pièces et de l'occupation occasionnelle de la maison, l'architecte a opté pour ce chauffage très particulier, qui fait aussi office de four. Poêle de masse en briques d'argile, il est la deuxième source de chaleur de la maison, après le soleil. La couleur de la brique, assez discrète, se fond dans les teintes du bois.

Posé sur un socle en béton, le poêle a été entièrement réalisé en autoconstruction. La distance réglementaire de 16 cm entre l'intérieur du conduit et les pièces de bois a été respectée. Un gabarit a permis de positionner les briques en conservant une voûte régulière.

Le poêle fonctionne à foyer fermé. Une prise d'air frais est ménagée sous la maison pour permettre la combustion dans le foyer occupant la partie basse du poêle. De longues flammes s'élèvent jusqu'à la cavité du four et l'air brûlant emprunte un parcours allongé afin de transmettre toute sa chaleur aux briques avant de s'évacuer par le conduit de fumée. La cavité du foyer, comme celle du four, dispose d'une porte, et le circuit de l'air du poêle est autonome, sans contact avec l'air de la maison, qui n'est réchauffé que par le rayonnement des briques.

Le poêle est constitué de mille cinq cents briques. Il faut six heures pour mettre toutes les briques en température. Lorsque le feu s'éteint, elles diffusent encore la chaleur pendant vingt-quatre heures avant de se refroidir. C'est le rayonnement du poêle chaud qui constitue le système de chauffage.

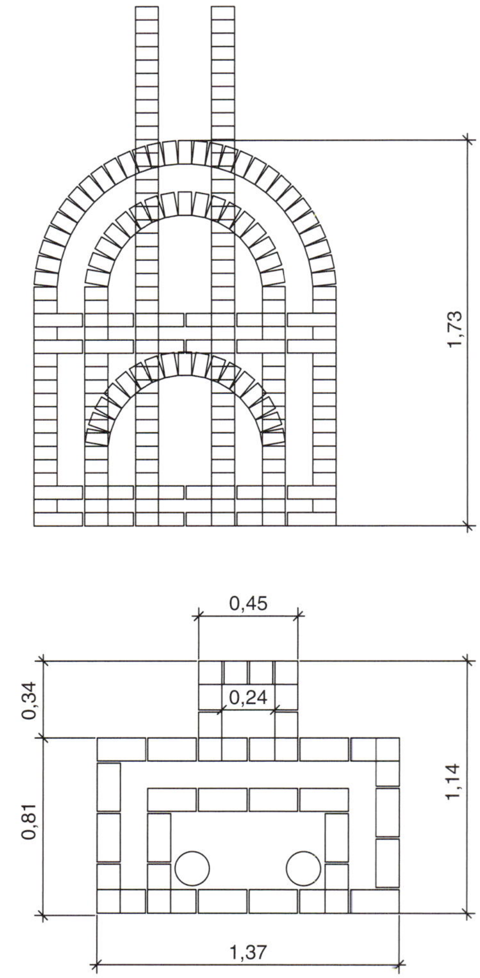

Plans du poêle
Élévation et vue en plan du poêle de masse

Construction du poêle

Après la mise en place des murs parallèles constituant la base du poêle et la fabrication d'un gabarit courbe, vient le montage des voûtes de brique. Aussi efficace que celle d'un four moderne, la porte vitrée du four permet de contrôler la cuisson.

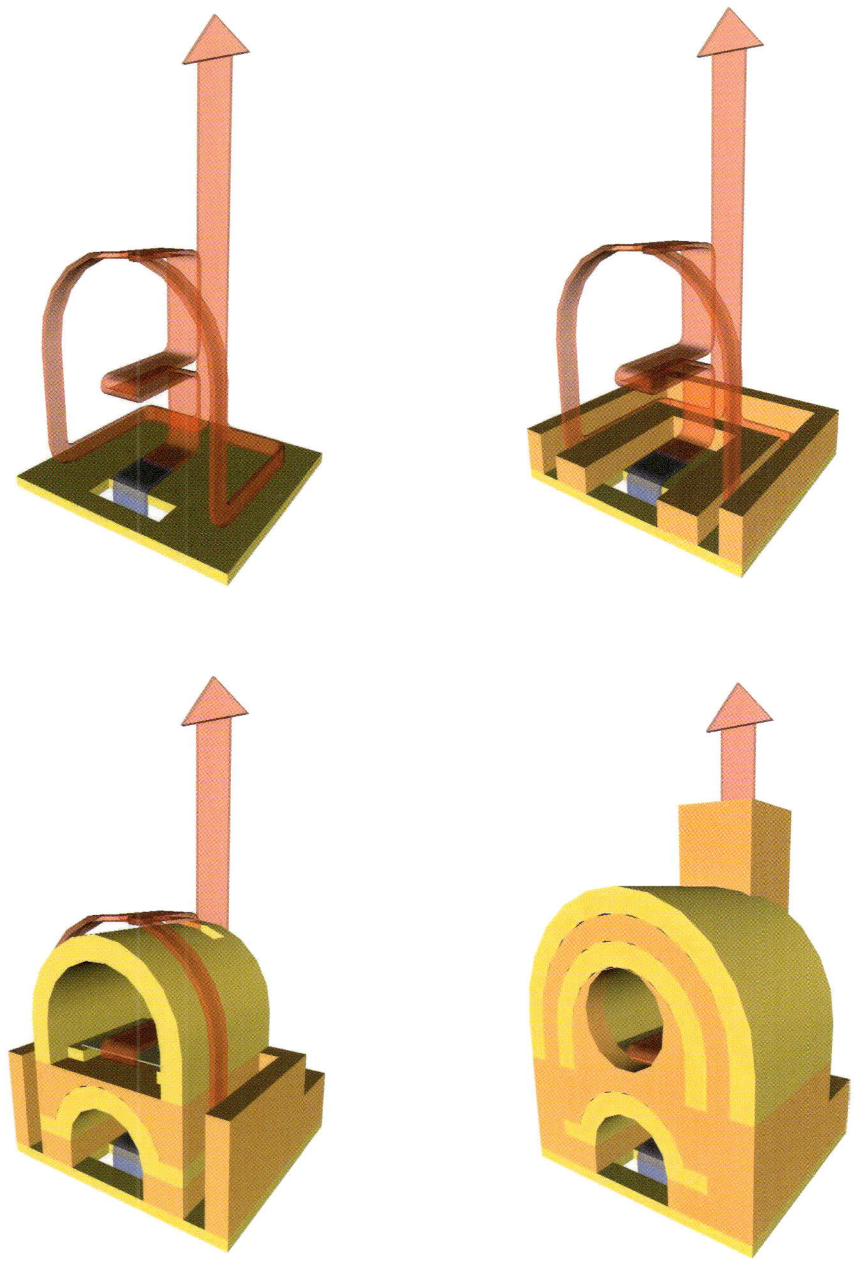

Circulation de l'air

Le flux d'air, pris à l'extérieur sous le sol de la maison, est réchauffé dans le foyer, puis rejeté à l'extérieur après un long parcours entre les voûtes de briques. Ci-dessus, à droite, le poêle superpose le four au foyer en une forme massive et compacte.

Aménagement (suite)

Bains-douches

Atmosphère

Un matériau unique, le panneau plaqué de bois de pin avec son veinage caractéristique, domine tout l'aménagement intérieur et imprègne de sa marque jaune l'ambiance générale. Le blanc omniprésent dans l'architecture moderne et contemporaine n'apparaît jamais. Une autre particularité de cette maison est qu'elle ne comporte aucune cloison. Seuls quelques panneaux mobiles divisent l'espace commun structuré par le volume aérien de l'étage des chambres. Aménagements, rangements et équipements prolongent simplement les parois de la maison.
Ici, le bois n'est pas seulement sous les pieds, mais partout autour de soi. Renversant la logique familière du sol en parquet de l'habitation bourgeoise, la peinture gris clair dont le plancher est revêtu réverbère utilement la lumière naturelle, si précieuse dans cette maison sans électricité. Ce sol simple, homogène et lumineux valorise les formes construites qu'il supporte.

Pour conserver le volume initial de la maison, la salle de bains se blottit sous les chambres, au centre de l'édifice. Elle n'apparaît à première vue que sous la forme d'un placard renfermant une baignoire. Lorsque s'ouvrent les deux panneaux mobiles, annexant temporairement un tronçon de l'espace de distribution, ils définissent une véritable pièce d'eau de 12 m^2, incluant les lavabos encastrés dans le meuble filant. La large baie horizontale surplombant ce dernier s'ouvre sur la nature et offre à la baignoire une vue illuminée par le soleil matinal.

Les panneaux mobiles et les parois qui cernent la baignoire sont réalisés en contreplaqué de pin, comme les autres aménagements intérieurs, mais en qualité hydrofuge. Un soin particulier a été apporté à l'étanchéité des joints périphériques au silicone.

Quant aux toilettes, elles sont intégrées à la bande servante qui sépare séjour et salle à manger. Déguisées en meuble, elles ne sont qu'une excroissance ponctuelle des rangements filant le long du mur ouest. Un panneau de méthacrylate translucide restitue au coin le plus sombre du séjour une part de la lumière naturelle apportée par la fenêtre en façade.

Placard de bains
Ouvertes, les grandes portes du placard contenant la baignoire, en contreplaqué marine vitrifié à l'eau, suffisent à configurer une pièce d'eau. Ces panneaux ne prétendent pas jouer le rôle de cloisons mobiles mais s'apparentent plutôt à des paravents.

Fiche technique

Architecte : Jean-Baptiste Barache (Paris)
Localisation : Auvilliers (76)
Surface : 170 m² SHON
Coût des travaux (hors honoraires d'architectes), réalisés pour l'essentiel en autoconstruction : 71 030 € TTC
Dont charpente et fondations 30 500 € (dont bardeaux 6 889 €, contreplaqué de pin 6 095 €) ; fournitures autres lots 27 546 €
Achèvement des travaux : 2006
Durée des travaux : 18 mois

Matériaux :
– Structure : poutres et solives bois lamellé-collé en sapin du Nord
– Parement de façade en tuiles de cèdre rouge
– Isolation en laine de roche
– Sols : dalles d'aggloméré rainuré peintes
– Menuiseries extérieures : bois de récupération (face extérieure brûlée)
– Sous-face rampants, plan de travail et chambres : panneaux de contreplaqué de pin
– Habillage salle de bains : contreplaqué vitrifié à l'eau
– Vitrages : doubles vitrages 4/12/6
– Sanitaires : grandes surfaces de bricolage
Chauffage : par poêle de masse autoconstruit en briques
Eau chaude sanitaire : chauffe-eau à gaz fonctionnant sans électricité
Charpente et fondations : Frédéric Duhamel (76, Autigny)
Menuiseries extérieures : Pierre Pernois (95, Luzarches)

Annexes

Les bois de construction

Rares sont les régions du monde où le bois ne figure pas en bonne place parmi les matériaux utilisés pour la construction. Partout, une longue tradition constructive s'est développée afin de valoriser cette matière première aux possibilités infinies et en tirer le meilleur parti pour répondre aux besoins et aux aspirations locaux. Partout, les savoir-faire se sont adaptés aux ressources disponibles, distinguant les qualités requises pour élaborer pièces de charpente ou de menuiserie d'entre les diverses essences, structures et singularités du bois local ou importé. Les conditions d'accès à ces ressources n'ont cessé d'évoluer. Aujourd'hui, la mise sur le marché de nouveaux matériaux dérivés du bois modifie radicalement les critères de sélection.

Comme la plupart des productions naturelles, le bois, matière ligneuse élaborée par un organisme vivant au milieu d'un écosystème, prend une infinité de formes, de couleurs, de textures, selon son essence et les conditions dans lesquelles il s'est développé.

Parmi les trente mille espèces de végétaux ligneux qui donnent du bois, seules quelques dizaines sont utilisées sous nos latitudes comme « bois d'œuvre », soit pour servir de bois de charpente, soit pour entrer dans la fabrication des ouvrages de menuiserie. Les différents critères qui déterminent cette sélection sont la disponibilité, les facilités d'approvisionnement, les conditions de prix et de distribution, l'aspect et les qualités esthétiques, les caractéristiques physiques et mécaniques et la sensibilité aux altérations biologiques par des agents extérieurs.

La structure de leur tissu et leur composition chimique permettent de séparer les essences qui fournissent le bois d'œuvre en deux grandes familles, les résineux et les feuillus. Les techniques de mise en œuvre employées et les formes obtenues restaient jusqu'à une époque récente intimement liées au choix des essences.

Les résineux donnent des bois droits, de section quasi constante, adaptés aux ossatures simples. Les feuillus offrent au contraire une grande variété de sections et permettent d'élaborer des structures hiérarchisées, composites, dans lesquelles interviennent des pièces de différentes sections, sollicitées en traction, flexion et compression.

La dureté du bois est une caractéristique intéressant directement la construction, même pour l'aménagement intérieur. C'est, par exemple, le principal critère technique retenu pour les parquets. Très variable, la dureté d'un bois dépend de son essence ainsi que de sa vitesse de croissance et est directement liée à sa densité : à taux d'humidité égal, les bois légers, comme le peuplier, le sapin ou l'épicéa, sont tendres ; les bois lourds, comme l'ipé, l'azobé et le chêne, sont durs. À un taux équivalent de 12 % d'humidité, qui correspond aux normes européennes permettant de comparer les caractéristiques des bois, les premiers ont une masse volumique de l'ordre de 400 kg/m^3, tandis que les seconds atteignent 900 kg/m^3. La dureté de ces derniers est huit fois supérieure.

La structure du bois favorise les pertes et reprises d'humidité. L'arbre sur pied ou la grume que l'on vient d'abattre peuvent contenir une forte proportion d'eau, surtout à la partie périphérique du tronc, l'aubier. Certains peupliers contiennent deux fois plus d'eau que de matière ligneuse. L'arbre abattu, débité et exposé à l'air perd peu à peu l'eau libre contenue dans ses vides cellulaires sans subir de déformation. Le bois parvient à un état d'équilibre autour de 15 %. Ensuite, l'eau liée qui imprègne ses parois cellulaires peut s'évaporer à son tour, entraînant des changements dimensionnels et un retrait volumétrique. À l'inverse, s'il absorbe de l'eau le bois humidifié gonfle. Toutes ces variations provoquent ce qu'on appelle le « travail » du bois, variable suivant la nature des essences. Un bois dur et dense subit un fort retrait comparé à un bois tendre et léger.

Ces changements affectent surtout les bois verts ou séchés trop rapidement, en particulier les pièces de forte section. Retraits et gonflements se manifestent inégalement suivant la direction : négligeables dans le sens du fil, ils sont très sensibles dans le sens perpendiculaire à ce dernier. Le retrait ou le gonflement est plus fort tangentiellement aux couches annuelles que radialement, provoquant déformations, gauchissements et fentes. Le retrait dépend du séchage, du mode de débit et des précautions de conception et de mise en œuvre, qui permettent de protéger le bois contre les taux d'humidité s'écartant de son équilibre.

Pour la construction, il importe de ne mettre en œuvre le bois qu'après séchage et d'atteindre, éventuellement par séchage artificiel complémentaire, le taux d'humidité correspondant à ses conditions d'utilisation. Ainsi, le taux d'humidité d'un bois utilisé en menuiserie intérieure doit être abaissé à 10 % pour éviter un retrait ultérieur.

Bois de fil et bois debout
Selon l'essence, la section et le sciage, le bois s'offre à d'innombrables usages en construction. En structure, le bois de fil de faible section résiste à la traction ; de section plus importante, il forme des poutres résistant à la flexion, tandis que des poteaux constitués de pièces de bois debout résistent à la compression. En façade et toiture, le bois constitue une enveloppe protectrice et isolante.

Systèmes de construction bois

Derrière l'apparence du bois des façades se cachent différents modes constructifs, parfois mixtes, associant le béton et l'acier.
Le soubassement de la construction est souvent réalisé en maçonnerie traditionnelle ou en béton armé. La structure des édifices en bois a quant à elle évolué au fil du temps selon deux axes : les constructions à ossature bois et celles qui sont réalisées en bois massif. Dans les deux cas, les produits préfabriqués d'aujourd'hui tendent, pour un prix certes plus élevé, à une plus grande légèreté et à de meilleures précision et stabilité dimensionnelles, tout en proposant des assemblages qui réduisent la durée de montage et donc, au final, les coûts.

Constructions en bois massif empilé

Empiler des matériaux pour ériger une construction est la première solution à laquelle eut recours l'homme sorti des cavernes. Constituer les murs d'une maison de madriers ou de rondins de bois empilés est donc un principe très ancien.

Dès que sont apparus les premiers outils en fer, il a été possible de réaliser les assemblages à mi-bois et d'assurer l'encastrement des pièces qui rigidifient la construction en solidarisant les murs à chaque angle.
Aujourd'hui, des fabricants proposent des madriers de bois massif ou en lamellé-collé empilables, stabilisés par de grandes tiges métalliques. C'est la technique idéale du jeu de construction et de la livraison en kit. La forte épaisseur de bois massif garantit une bonne isolation thermique, à condition que les joints soient étanches. Dans le cas contraire, une isolation est parfois disposée entre les pièces de bois.

Constructions en panneaux porteurs

Des panneaux de bois massif produits industriellement forment les murs porteurs. Constitués de trois, cinq ou sept couches croisées de lames de bois, généralement d'épicéa, collées ou clouées en « multiplis », ou encore d'éléments de bois en lamellé-collé, ils peuvent atteindre 16,5 m de long et 4 m de haut, pour une épaisseur allant jusqu'à 50 cm.
Grâce à la disposition croisée des planches, les variations dimensionnelles sont réduites, et les performances mécaniques ainsi que la rigidité considérablement augmentées, permettant de considérer ces panneaux comme des voiles porteurs.

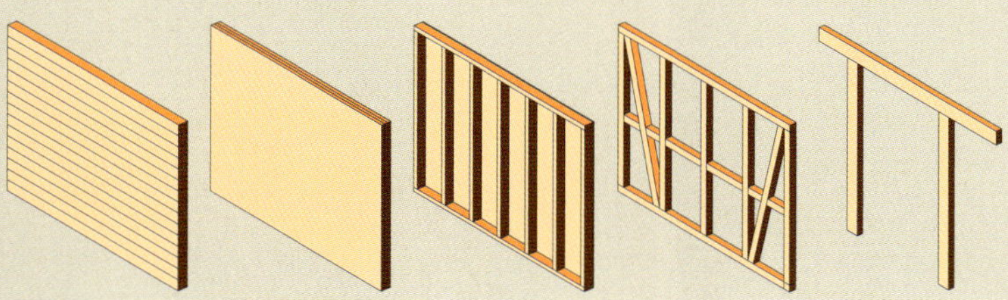

Systèmes de construction bois
De gauche à droite : bois empilé, panneaux porteurs, ossature bois, pans de bois (colombages) et poteaux poutres

Insectes xylophages

La matière ligno-cellulosique du bois favorise le développement des organismes vivants et contient des éléments spécialement prisés par certaines larves et insectes xylophages, comme les termites ou les capricornes. L'absence d'entretien et surtout l'humidification prolongée du bois, ou l'alternance de sécheresse et d'humidité, créent les conditions les plus favorables au développement de ces parasites qui détruisent sa structure.

Cinq classes de risques sont précisées dans la norme NF EN 335-2, qui distingue les différents usages des ouvrages en bois en fonction de l'exposition à l'humidité qu'ils impliquent et des risques correspondants. Par exemple, la classe 1 ne concerne que l'utilisation protégée pour l'ameublement et l'aménagement intérieur, tandis que la classe 5 comprend les pilotis et autres pontons immergés en permanence.

Des tableaux de synthèse sont disponibles auprès du CNDB (Centre national du bois), qui résument les caractéristiques des différentes essences au regard de la construction.

La durabilité naturelle de certains bois permet de les utiliser sans traitement. Les feuillus tropicaux mi-lourds, comme le doussié, l'ipé ou l'iroko, sont réputés imputrescibles et résistants aux xylophages. Pour les autres, c'est l'imprégnabilité qui devient la qualité requise. Certains bois, comme le sapin, l'épicéa ou le douglas, réfractaires à l'imprégnation au-delà de quelques millimètres, sont inaptes à recevoir un traitement.

Le traitement de préservation par trempage, application ou imprégnation en autoclave, qui vise à éviter durablement les attaques de champignons et insectes, est indispensable sur les pièces de structure. Parmi les produits de préservation utilisés, ceux qui présentaient des risques pour la santé ou la protection de l'environnement ont été progressivement interdits. Le CTBA (Centre technique du bois et de l'ameublement) a mis en place une certification qui garantit la fiabilité des produits de préservation des bois, mais aussi leur caractère inoffensif pour l'homme et l'environnement (CTB-P +).

Structure et parements de bois
La matérialité naturelle du bois est exhibée dans les constructions en bois massif ou rapportée en plaques de finition de façade. À gauche, l'église orthodoxe de Limours (Ovidiu Milea architecte) ; à droite, parement stratifié de l'IUFM de La Seyne-sur-Mer (Remy Marciano architecte).

Les panneaux sont découpés en usine par des machines à commande numérique pour intégrer les ouvertures, et leur finition peut rester apparente.

Les constructions à ossature bois

La plus courante des techniques de construction bois employée aujourd'hui découle de la tradition américaine de *balloon frame*. Elle consiste à utiliser des bois de faible section peu espacés et cloués entre une lisse basse et une lisse haute pour former des cadres, associés à des panneaux de bois qui les contreventent et constituent ainsi des murs minces et légers.
Comme pour les constructions à colombages, cette technique a évolué vers une solution plus moderne, « à ossature plate-forme », faite de panneaux limités à un étage, l'ossature autonome de chaque niveau étant achevée par un plancher sur lequel peut s'élever le niveau supérieur.

Constructions à pans de bois

Ces constructions traditionnelles dites à colombages sont réalisées en assemblant des bois épais, verticalement et obliquement, pour constituer des murs indéformables, « pans de bois » dont les vides sont remplis de maçonnerie légère, de torchis ou de toutes sortes de matériaux. Cette technique, la plus répandue au Moyen Âge, qui nécessitait des bois longs et de forte section pour édifier des constructions hautes de plusieurs étages, s'est affinée à partir du XIIIe siècle, du fait de la raréfaction des grandes pièces, pour évoluer vers l'utilisation de bois courts, limités à la hauteur d'un étage, mais permettant la superposition de ces derniers en encorbellement.

Constructions en poteaux poutres

Un squelette est réalisé à l'aide de pièces de bois espacées de section importante. Les planchers supérieurs et la couverture reposent sur des appuis ponctuels, permettant la plus grande liberté architecturale et laissant la plus grande souplesse d'aménagement.
Les façades peuvent être librement disposées et ouvertes. Elles interviennent éventuellement comme remplissage entre les éléments de structure qu'elles peuvent rigidifier, stabiliser ou contreventer.
Ce type de structure, qui nécessite un véritable travail de charpentier, peut être réalisé en lamellé-collé, en bois contrecollé ou en toutes sortes de nouvelles poutres associant une âme en aggloméré à des membrures en lamibois. L'amélioration des éléments de liaison et d'assemblage modernes, aux performances mécaniques élevées, contribue grandement à son développement.

Produits industriels et leur fabrication
De gauche à droite : lamibois Kerto, poutres bois industrielles FinnJoist, usine de Lohja en Finlande *(source FinnForest France)*.

Documentation

Ouvrages

Yves Benoit, Thierry Paradis, *Construction de maisons à ossature bois*, Eyrolles/CTBA, 2007

Yves Benoit, *Le Guide des essences de bois. 61 essences, les choisir, les reconnaître, les utiliser*, Eyrolles/CTBA, 1997

Josette Chapelet *(et al.), Bois : mode d'emploi et préservation*, CTBA, 1991

Collectif CTBA, *Les Panneaux à base de bois : guide des applications dans le bâtiment*, CTBA, 2003

Collectif CTBA, *Insectes et champignons du bois*, CTBA, 2002

Collectif CTBA, *Le Traitement curatif des bois dans la construction*, Eyrolles/CTBA, 1996

Suzanne et Pierre Deoux, *Le guide de l'habitat sain, 2e édition*, Medieco, 2004

Dominique Gauzin-Müller, *25 Maisons en bois*, Le Moniteur, 2003

Dominique Gauzin-Müller, *Construire avec le bois*, Le Moniteur, 2001

Julius Natterer, Thomas Herzog, *Construire en bois*, Presses polytechniques et universitaires romandes, 1994.

Jean Zerlauth, *L'Autoconstruction en bois*, Eyrolles, 2006

Périodiques

Détails bois, Publications du CNDB

Séquence bois, Publications du CNDB

Organismes

ADEME (Agence de l'environnement et de la maîtrise de l'énergie), Centre de Vanves, 27, rue Louis-Vicat, 75737 Paris *(www.ademe.fr)*

AFCOBOIS (Association des entreprises françaises de construction bois), 7-9, rue La Pérouse, 75016 Paris *(www.maisons-bois.org)*

AFIEB (Association française des ingénieurs et experts en bois), 6, rue Saint-Didier, 75113 Paris

AFNOR (Association française de normalisation), 11, rue Francis-de-Pressensé, 93571 La Plaine Saint-Denis CEDEX *(www.afnor.fr)*

ARENE (Agence régionale de l'environnement et des nouvelles énergies) Île-de-France, 94 bis, avenue de Suffren, 75015 Paris *(www.areneidf.com)*

ATIBT (Association technique internationale des bois tropicaux), 6, avenue de Saint-Mandé, 75012 Paris *(www.atibt.com)*

CAPEB (Confédération de l'artisanat et des petites entreprises du bâtiment), 2, rue Fléchier, 75009 Paris *(www.capeb.fr)*

CNDB (Comité national pour le développement du bois), 6, avenue de Saint-Mandé, 75012 Paris *(www.bois-construction.org et www.boisforet.info)*

CSTB (Centre scientifique et technique du bâtiment), 4, avenue du Recteur-Poincaré, 75016 Paris *(www.cstb.fr)*

CTBA (Centre technique du bois et de l'ameublement), 10, avenue de Saint-Mandé, 75012 Paris *(www.ctba.fr)*

FIBC (Fédération de l'industrie bois construction), 6, avenue de Saint-Mandé, 75012 Paris *(www.batibois.org/FIBC.htm)*

FNB (Fédération nationale du bois), 6, rue François-Ier, 75008 Paris *(www.fnbois.com)*

ONF (Office national des forêts), 2, avenue de Saint-Mandé, 75012 Paris *(www.onf.fr)*

Union des industries du bois, 6, avenue de Saint-Mandé, 75012 Paris *(www.industriesdubois.com)*

Annexes

Glossaire

acrotère : muret couronnant une façade, en particulier au pourtour d'une toiture plate, permettant notamment le *relevé d'étanchéité*.

arbalétrier : poutre oblique qui porte les *pannes* de la toiture.

aubier : partie vivante de l'arbre où circule la sève brute, entre le liber, où circule la sève élaborée, protégée par l'écorce, et le cœur, ou *duramen* ou encore *bois parfait*.

bardeau : petite planche de bois employée comme élément de *bardage* ou de couverture ; synonyme de tavaillon.

barreaudage : ensembles de barreaux formant grille de protection.

bois parfait (ou duramen) : au cœur de l'arbre, partie principale où ne circule plus la sève ; plus résistant et moins imprégnable que l'aubier qui l'entoure, il reste physiologiquement actif.

chape flottante (ou dalle flottante) : couche de mortier ou dalle mince dissociée du gros œuvre et coulée sur un matériau isolant phonique.

charge (reprise de) : poids appliqué à un élément structurel ; dans certains cas, ce dernier peut être renforcé par un autre élément afin de reprendre les forces exercées sur les murs, ou poteaux.

chéneau : rigole destinée à recueillir les eaux pluviales du toit pour les conduire à un tuyau de descente.

chevêtre : élément de structure horizontal supportant le plancher au passage d'une *trémie*.

chevron : pièce de charpente portée par les *pannes* et supportant lattes, voliges ou *liteaux*.

condensat : liquide collecté à l'issue de la condensation.

contre-liteau : voir *liteau*.

contreventement (contreventer) : élément de soutien, de consolidation, s'opposant à la déformation d'un ouvrage.

couvertine : pièce métallique protégeant la tête du mur et assurant son étanchéité.

croix de saint André : dans les structures de bois, disposition croisée de poteaux empêchant la déformation du pan de bois.

dalle de compression : dalle de béton armé formant la partie supérieure du plancher.

dé de répartition : élargissement de la base d'un appui ponctuel (poteau) visant à diminuer dans le sol l'effet de poinçonnement et ainsi à mieux répartir la charge supportée.

descente de charge : transfert vertical des efforts.

duramen : voir *bois parfait*.

encorbellement : construction en porte à faux au-dessus du corps principal d'un édifice (traditionnellement soutenue par des corbeaux).

entrait : pièce de charpente formant la base du triangle d'une *ferme* et maintenant l'écartement des arbalétriers.

entretoise (étrésillon) : pièce horizontale placée entre deux pièces parallèles pour en maintenir l'écartement.

entrevous : intervalle entre deux poutrelles ou solives de plancher ; par extension, éléments de remplissage de cet espace.

étrier : pièce de fer coudée supportant des éléments de charpente ou servant à consolider ou à réunir différentes pièces.

ferme : en charpente, principal ouvrage porteur de la toiture, constitué de l'assemblage d'éléments de poutraison en une disposition généralement triangulaire indéformable.

feutre bitumeux (ou géotextile) : matériau *résilient* permettant d'éviter les remontées capillaires.

fluage : déformation plastique d'un matériau.

hydrofuge : qui préserve de l'eau et de l'humidité.

imposte (en) : désigne en menuiserie la partie supérieure indépendante, fixe ou ouvrante, pleine ou vitrée, d'une porte ou d'une fenêtre.

joint-debout : assemblage des plaques d'un toit de zinc par simple pliage, sans tasseaux

lamibois : panneau dérivé du bois produit industriellement à base de placages collés d'épicéa de 3 mm d'épaisseur.

larmier : rainure pratiquée sur la face inférieure d'un ouvrage pour interrompre le ruissellement des eaux sur celle-ci, les obligeant à s'écouler en larmes.

lisse (d'assise) : pièce de bois horizontale posée à plat, sur laquelle vient se fixer la traverse basse d'un mur à ossature bois, les montants verticaux ou tout autre élément de la structure ou du mur bois.

liteau (ou contre-liteau) : pièce de bois clouée sur les chevrons ou les poteaux des pans de bois pour fixer couverture ou parement.

longrine : pièce de construction horizontale répartissant les charges entre plusieurs appuis.

modénature : profil des corniches et des moulures ; par extension, traitement architectural des détails d'un édifice.

moiser : assembler une pièce de charpente à deux pièces jumelles en l'insérant entre ces dernières.

mortaise : découpe en creux d'une pièce de bois destinée à recevoir le tenon en saillie d'une autre pièce pour un assemblage « à tenon et mortaise ».

muraillère : solive fixée au mur sur toute sa longueur.

noue : intersection concave de deux pans de toiture.

OSB *(Oriented Stand Board)* : panneaux de bois constitués de minces lamelles croisées et collées.

panne (et panne faîtière) : pièce de bois servant à relier les *fermes* et posée sur l'*arbalétrier* ; la panne faîtière est fixée au sommet de la ferme, sous la pointe de la toiture.

parclose : baguette démontable maintenant une vitre dans la feuillure du châssis.

pare-vapeur : film imperméable à la vapeur d'eau disposé sur une paroi pour la protéger de toute humidité.

platelage : assemblage grossier de planches constituant un plancher.

pli : l'une des couches de bois du contreplaqué

pont thermique (ou acoustique) : défaut localisé d'isolation thermique (ou acoustique) se traduisant par une déperdition.

portée : distance séparant deux points d'appui d'une charge.

poutre de rive : poutre soutenant le plancher à son extrémité.

relevé d'étanchéité : remontée des matériaux étanches en périphérie de la construction pour protéger les murs de toute infiltration.

résilient : apte à retrouver sa forme initiale après déformation.

sabot : voir *étrier*.

solive (solivage) : support intermédiaire du plancher, porté par les poutres.

sommier : désigne dans une charpente la pièce d'appui d'une poutre.

tapée : pièce de bois servant à la fixation de volets sur les montants d'une baie.

tavaillon : voir *bardeau*.

tenon : découpe en saillie d'une pièce de bois destinée à s'encastrer dans la découpe en creux, ou mortaise, d'une autre pièce pour un assemblage dit « à tenon et mortaise ».

trémie : espace réservé dans un plancher pour le passage d'un escalier ou d'un conduit.

vide sanitaire : espace d'assainissement ventilé séparant du terrain naturel le plancher le plus bas d'une construction.

voile travaillant : panneau mince servant au *contreventement* d'une ossature bois.

Cet ouvrage est imprimé, pour l'intérieur, sur du Claro Silk de la M-REAL certifié DIN EN ISO 9001:2000 et DIN EN ISO 14001:1996
et pour la couverture sur du BCE 1/S de la Radeče papir certifié ISO 9001:2000.

Imprimé en Slovénie.
Achevé d'imprimé en octobre 2007 par le Groupe Krater, Korotan-Ljubljana.
Dépôt légal: octobre 2007.
N° d'éditeur : 7348.

Adaptation et mise en pages : Nord Compo, Villeuneuve d'Ascq.
D'après une maquette de Thomas Leguay.